YOUZHI XIANGCAO GAOCHAN ZAIPEI YU JIAGONG LIYONG JISHU

优质象草高产栽培与加工利用技术

姚　娜　赖志强　吴柱月　易显凤　韦锦益　主编

广西科学技术出版社

图书在版编目（CIP）数据

优质象草高产栽培与加工利用技术 / 姚娜等主编.
—南宁：广西科学技术出版社，2023.5
ISBN 978-7-5551-1802-2

Ⅰ.①优… Ⅱ.①姚… Ⅲ.①禾本科牧草—高产栽培
②禾本科牧草—饲料加工 Ⅳ.①S543

中国版本图书馆CIP数据核字（2022）第228543号

YOUZHI XIANGCAO GAOCHAN ZAIPEI YU JIAGONG LIYONG JISHU
优质象草高产栽培与加工利用技术
主　编　姚　娜　赖志强　吴柱月　易显凤　韦锦益

责任编辑：黎志海　吴桐林　　　　装帧设计：韦宇星
责任校对：吴书丽　　　　　　　　责任印制：韦文印

出 版 人：卢培钊　　　　　　　　出版发行：广西科学技术出版社
社　　址：广西南宁市东葛路 66 号　　邮政编码：530023
网　　址：http://www.gxkjs.com

经　　销：全国各地新华书店
印　　刷：广西万泰印务有限公司
开　　本：787 mm × 1092 mm　1/16
字　　数：210 千字　　　　　　　印　　张：11.75
版　　次：2023 年 5 月第 1 版　　印　　次：2023 年 5 月第 1 次印刷
书　　号：ISBN 978-7-5551-1802-2
定　　价：48.00 元

《优质象草高产栽培与加工利用技术》编委会

主　　编　姚　娜　赖志强　吴柱月　易显凤　韦锦益

副 主 编　丘金花　曹慧慧　庞天德　邓素媛　史　静　陈冬冬　赖大伟

编写人员　（按姓氏拼音排序）

曹慧慧　陈冬冬　邓素媛　黄一龙　蒋玉秀　赖大伟　赖志强　李创举　梁永良　庞天德　丘金花　史　静　韦锦益　吴思谦　吴柱月　徐海雄　杨启晟　姚　娜　易显凤　曾繁泉　赵崇武

前　言

草地畜牧业发展是当今生态文明建设大环境下统筹农村生态与生产的重要平台，是推进农业供给侧结构性改革的重要切入点，同时也是促进贫困山区农牧业增效和农民增收的一项重要举措。为了加快推进草地畜牧业的发展，2016年农业部印发了《关于促进草牧业发展的指导意见》，其中就要求南方地区要合理开发利用草地资源，积极发展草地农业和草地畜牧业，大力发展人工种草，推行草田轮作，因地制宜推进粮改饲，强化草畜配套，推进草食畜牧业发展。2022年农业农村部印发《"十四五"全国饲草产业发展规划》，明确到2025年，全国优质饲草产量达到9800万吨，牛羊饲草需求保障率为80%以上，饲草种子总体自给率为70%以上，饲料（草）生产和加工机械化率为65%以上。在草食畜牧业的发展中，良种是关键，优良的饲草不仅是草食家畜植物性营养蛋白的主要来源，还是环境保护、水土流失、农田改造、草山草坡改良的重要物质基础，它一头连着畜牧业，一头连着种植业，起着重要的纽带作用。

象草 *Pennisetum purpureum* Schum. 属禾本科狼尾草属多年生草本植物，是狼尾草属的主要栽培品种，是我国热带、亚热带地区最重要的主导饲草品种，在年降水量超过1000 mm的热带及亚热带地区均有野生分布。在广西，象草的利用率和普及率均占饲料作物的80%以上。象草株高4～5 m，分蘖多，生物产量高，根据需求一年可刈割5～8次。鉴于象草品种、种植区域、施肥量及管理水平的不同，其产量也有所不同，在广西平均年产鲜草225～420 t/hm^2。象草抗逆性强，耐旱、耐酸、耐瘠薄，适应性广，种植管理技术简单，且利用年限长。象草的用途十分广泛，第一，象草营养丰富，柔软多汁，适口性好，饲用方法简单，是动物优良的饲草资源；第二，象草的纤维素及木质素含量较一般草类植物（芦苇、稻、麦）高，是一种重要的造纸原料；第三，象草是培养食用菌的优质原料；第四，象草是一种新型生物能源，与木本能源植物相比，具有生长速度快、周期短、再生性强、产量高、适应性广、种植成本低、易于产业化生产等特点；第五，象草可用于保健饮料的开发，如紫色象草与桂花草粉混合可实现营养互补，效果优于从日本进口的青汁大麦若叶冲剂，象草制成的袋泡茶饮料中含有黄酮、多酚、维生素C等多种活性成分。

广西是我国象草新品种的重要培育地及发源地之一。广西农业职业技术大学畜牧研究院（原广西壮族自治区畜牧研究所）潜心专注对象草品种的筛选培育及应用研究40多年，利用形态学、细胞学、分子遗传学等先进技术筛选培育出多个象草新品种。在国家草品种审定委员会审定登记的7个象草类草品种中，广西壮族自治区畜牧研究所登记了5个象草品种，分别为华南象草（1990年）、摩特矮象草（1994年）、桂牧1号杂交象草（2000年）、桂闽引象草（2010年）、紫色象草（2014年）。这些象草品种在广西、广东、福建、海南、湖南、四川、云南、贵州、江西等地推广，应用面积超过133万公顷，应用范围遍布饲草饲料、食用菌生产、生物能源、观赏绿化、水土保持等多个领域，科研及应用成果荣获全国农牧渔业丰收奖一等奖1项，中华农业科技奖二等奖1项，省部级科学技术进步奖二等奖6项、三等奖5项，产生了巨大的社会效益、经济效益和生态效益。

值此国家和自治区前所未有地重视草牧业发展的时期，广西农业职业技术大学畜牧研究院作为我国南方亚热带地区饲草主要研发机构之一，有责任、有义务、有必要将目前适合我国南方地区种植利用的象草品种进行梳理介绍，并就其特征特性、营养品质及生产性能、栽培和利用技术等主要资料进行集编汇总，以满足广大科研人员、养殖户对象草种植和利用技术的需求，为农业产业结构调整和乡村振兴提供相关技术支持。

编著者

目录

第一章　常见人工栽培象草品种

第一节　桂闽引象草

中文学名	桂闽引象草
拉丁学名	*Pennisetum purpureum* Schum. cv. Gui Min Yin
科　　属	禾本科狼尾草属
别　　名	台湾象草、甜象草

桂闽引象草于 1999 年引进福建，2001 年引进湖南，2003 年引进广西。经广西壮族自治区畜牧研究所（现广西农业职业技术大学畜牧研究院）、福建省畜牧总站选育，于 2010 年通过全国草品种审定委员会审定登记为引进品种，品种登记号为 396。先后荣获 2014 年度广西科学技术进步奖二等奖、2014 ～ 2016 年度全国农牧渔业丰收奖一等奖。

品种登记号：396

品种名称：桂闽引象草

申报单位：广西壮族自治区畜牧研究所、福建省畜牧总站

申　报　人：赖志强、卓坤水、易显凤、苏水金、李冬郁

适应区域：喜温暖湿润气候，适于我国热带、南亚热带地区种植。

经第五届全国草品种审定委员会审定，该品种登记为引进品种，并报农业部备案，准予在适应区域正式推广应用。

二〇一〇年六月十二日

桂闽引象草及品种审定证书

（一）植物学特征

桂闽引象草为多年生高秆禾本科草本植物，须根发达，全年不刈割株高可为4～5 m，株形较紧凑。茎直径1.0～3.0 cm，茎秆直立，丛生，茎幼嫩时被白色蜡粉，老时被一层黑色覆盖物，基部有气根；分蘖多，一般分蘖20～50个；每个茎秆有25～30节，每节有芽和1片叶片。叶长条形，长50～100 cm，宽2.0～4.0 cm，叶面与叶鞘光滑无毛，叶色浓绿；叶鞘长于节间，包茎，长10.5～18.5 cm。从茎秆顶端抽穗，圆锥花序密生呈穗状，穗长20～30 cm，幼时浅绿色，熟时褐色；小穗披针形，3～4个簇生成束，每簇下围以刚毛组成总苞；颖片退化呈芒状，尖端略为紫红色；每个小穗具小花2朵，雄蕊3枚，花药浅绿色，柱头外露，浅黄色。颖果纺锤形，浅黄色，具光泽。11月中旬抽穗开花。一般不结实，采用无性繁殖，生长6个月以上且未刈割过的植株可作种茎。

桂闽引象草

桂闽引象草特征

（二）生物学特性

桂闽引象草喜温暖湿润气候，日均气温达 14℃时开始生长，最适宜生长的季节是夏季，气温 25 ～ 30℃时生长最快；早春和深秋气温低，生长速度减慢；气

温低于 8℃时生长明显受到抑制，长时间气温低于 –2℃时则会被冻死。在我国北纬 28° 以南的地区可自然越冬。

桂闽引象草适应性广，在各种土壤上均可生长；根系发达，抗倒伏，抗旱，不耐涝，耐酸，抗病虫性强；对速效肥料反应十分敏感，尤其是氮肥。在高水肥条件下生长快，产草量高，为 225 t/hm^2 以上。供草期较长，为 300 d 以上，5 ～ 8 月是生长旺季。

桂闽引象草嫩梢

（三）营养品质及生产性能

1. 营养品质

桂闽引象草草质柔软，风干率达 20.1%，叶茎比约为 0.7 ∶ 1。一般栽培条件下，桂闽引象草在株高为 130 ～ 150 cm 的拔节期，营养成分占干物质百分比见表 1–1。粗蛋白质含量高，粗纤维含量低，粗脂肪及无氮浸出物含量中等，饲用品质好。桂闽引象草稍带有甜味，叶片较光滑，适口性好，牛、羊、猪、兔、鱼等动物喜食。与桂牧 1 号杂交象草同时投喂，家畜优先采食桂闽引象草。肉兔、奶牛、狮头鹅等的饲喂试验结果表明，桂闽引象草可作为饲喂家畜的优质饲草。

表 1–1　桂闽引象草拔节期营养成分占干物质百分比（单位：%）

品种	粗蛋白质	粗脂肪	粗纤维	无氮浸出物	灰分
桂闽引象草	13.36	3.78	30.85	41.45	10.57

2. 生产性能

桂闽引象草再生性好，每年可刈割 5 ～ 7 次，鲜草产量 225 t/hm^2 以上，供草期 300 d 以上。在广西等南方亚热带地区，喂牛、羊等大型家畜每年刈割 4 ～ 5 次；喂鹅、兔和鱼等小型动物每年刈割 7 ～ 8 次。通常 3 ～ 4 月种植，5 月中旬开始刈割，6 ～ 8 月气温高，

桂闽引象草长势

生长最快，产草量最多，占全年产草量的 73.9%，9 月以后气温逐渐下降，生长减缓，产草量仅占全年产草量的 26.1%。桂闽引象草还可用于荒山、荒滩改造和土壤改良，是生态果园套种、水土保持、观光农业园区四季绿化的优良草种。

第二节　桂牧 1 号杂交象草

中文学名	桂牧 1 号杂交象草
拉丁学名	（*Pennisetum americanum*×*P. purpureum*）×（*P. purpureum* Schum. cv. Mott）
科　　属	禾本科狼尾草属
别　　名	桂牧 1 号

桂牧 1 号杂交象草是广西农业职业技术大学畜牧研究所（原广西壮族自治区畜牧研究所）采用高产杂交狼尾草 *Pennisetum americanum* × *P. purpureum* 为母本、矮象草 *P. purpureum* Schum. cv. Mott 为父本进行有性杂交育成的牧草新品种。2000 年 12 月经全国牧草品种审定委员会审定通过，登记为育成品种，品种登记号为 211。育种单位为广西壮族自治区畜牧研究所。荣获 2001 年度广西科学技术进步奖二等奖。桂牧 1 号杂交象草已在我国南方各省区广泛种植和应用，产生了显著的社会效益和经济效益。

桂牧 1 号杂交象草及品种审定证书

（一）植物学特征

桂牧 1 号杂交象草是种间杂交多年生禾本科草本植物，须根发达。不刈割植株高达 3.5 m。茎秆直立，丛生；分蘖多，一般分蘖 50 ～ 150 个，最多达 290 个；每个茎秆有 27 ～ 30 节，每节有芽和 1 片叶片。叶片长 100 ～ 120 cm，宽 4.8 ～ 6.0 cm。从茎秆顶端抽穗，穗长 25 ～ 30 cm。圆锥花序由许多小穗组成，每个小穗有小花 1 ～ 3 朵。种子棕黄色，但结实率低，一般采用无性繁殖。11 月中旬抽穗开花。

桂牧 1 号杂交象草

桂牧1号杂交象草特征

（二）生物学特性

桂牧1号杂交象草喜温暖湿润的气候。在轻霜地区，虽然地上部分枯萎，但地下部分能安全越冬，翌年气温在15℃以上时开始生长，气温达20℃时生长加快，25～30℃时生长迅速。4～9月生长最旺，11月后随气温逐步下降和降水量减少而长势减弱。桂牧1号杂交象草种植后7 d左右出苗，出苗后约7 d为生长缓慢期。此时期后10 d左右生长迅速，植株开始分蘖，分蘖期后15～20 d进入拔节期，拔节期维持时间较长。12月中旬为开花期。桂牧1号杂交象草耐旱，耐酸，抗倒伏、抗病虫性强，对氮肥敏感，在高水肥条件下生长潜力大；适应性广，适宜在广西乃至我国南方各地种植。

（三）营养品质及生产性能

1. 营养品质

桂牧1号杂交象草草质柔软，叶量大，叶茎比为3∶1。一般栽培条件下，桂牧1号杂交象草在株高130～150 cm的拔节期，其粗蛋白质、粗脂肪、粗纤维、无氮浸出物和粗灰分分别占干物质总量的13.09%、2.45%、28.74%、39.41%和10.06%（表1–2）。粗蛋白质含量高，粗纤维含量低，粗脂肪及无氮浸出物含量中等，饲用品质好，适口性好，牛、羊、兔、鹅、鸵鸟等草食畜禽喜食，也适用于草食性鱼类。

表1–2　桂牧1号杂交象草营养成分占干物质百分比（单位：%）

品种	粗蛋白质	粗脂肪	粗纤维	无氮浸出物	粗灰分
桂牧1号杂交象草	13.09	2.45	28.74	39.41	10.06

2. 生产性能

桂牧1号杂交象草分蘖

桂牧1号杂交象草再生性好，每年可刈割5～7次，鲜草产量在180 t/hm^{2}以上。在高水肥条件下生长快，产草量高，为225 t/hm^{2}以上，且供草期长达240 d。区域试验结果显示，桂牧1号杂交象草比矮象草平均增产42.2%，比杂交狼尾草平均增产22.6%，增产效果显著。与杂交狼尾草相比，桂牧 1 号杂交象草不易老化，而且叶片长、分蘖多。

在广西，喂牛、羊等大型家畜，每年可刈割 4 ～ 5 次；喂鹅、兔和鱼等小型动物，每年可刈割 7 ～ 8 次。通常 3 ～ 4 月种植，5 月中旬开始刈割，6 ～ 8 月气温高，生长最快，产草量最多，占全年产草量的 73.9%，9 月以后气温逐渐下降，生长减缓，产草量仅占全年产草量的 26.1%。

第三节　紫色象草

中文学名	紫色象草
英文名称	Red Elephant Grass
拉丁学名	*Pennisetum purpureum* Schumab cv. Red
科　　属	禾本科狼尾草属
别　　名	红象草

紫色象草于 2002 年从巴西引进，经过一系列适应性观察及试验选育，2009 年登记为广西农作物品种，2014 年通过全国草品种审定委员会审定，登记为引进品种，品种登记号为 468。育种单位为广西壮族自治区畜牧研究所。荣获 2021 年度广西科学技术进步奖三等奖、2019 ～ 2021 年度全国农牧渔业丰收奖三等奖。

紫色象草及品种审定证书

（一）植物学特征

紫色象草为多年生高大禾本科草本植物，株高 2.5 ～ 3.6 m。茎秆和叶片呈紫色。须根、根系发达。茎秆直立，丛生，茎直径 3.5 cm；分蘖多，一般分蘖 50 ～ 150 个，最多达 200 个；每个茎秆有 25 ～ 30 个节，每节有芽和 1 片叶片。叶片长 100 ～ 120 cm，宽 4.5 ～ 6 cm。圆锥花序由许多小穗组成，每个小穗有小花 1 ～ 3 朵。11 月中旬抽穗开花。种子结实率和发芽率均低，实生苗生长极缓慢，故生产上采用茎秆进行无性繁殖。

（二）生物学特性

紫色象草喜温暖湿润的气候，适应性广，在海拔 1000 m 以下、年降水量 700 mm 以上的热带、亚热带地区均可种植。在桂南地区能越冬，在桂北地区冬季部分叶片枯萎，但地下部分能安全越冬。紫色象草具有抗旱、耐涝、抗虫、再生能力强等特点，对土壤要求不严格，但以在土层深厚和保水良好的黏性土壤中生长为最好。在山坡地种植，如能保证水肥，也可获得高产。

紫色象草

紫色象草特征

（三）营养品质及生产性能

1. 营养品质

紫色象草营养价值高，饲用品质佳，粗蛋白质含量高，尤其富含原花青素。据全国草业产品质量监督检验测试中心测定分析，紫色象草粗蛋白质含量占干物质总量的 11.7%，接近桂闽引象草的粗蛋白质含量，比热研 4 号王草高 10.38%；粗纤维含量分别比热研 4 号王草、桂闽引象草低 5.0% 和 2.86%，中性洗涤纤维和酸性洗涤纤维均优于对照品种，详见表 1-3。

紫色象草富含原花青素

表 1-3　3 种象草品种营养成分分析

参试品种	粗蛋白质（%）	粗纤维（%）	中性洗涤纤维（%）	酸性洗涤纤维（%）	粗脂肪（g/kg）	粗灰分（%）	钙（%）	磷（%）	水分（%）
紫色象草	11.70	28.00	61.80	34.50	23.00	14.80	0.64	0.34	4.90
热研 4 号王草	10.60	29.40	65.10	35.40	14.00	13.20	0.50	0.31	5.20
桂闽引象草	11.90	28.80	63.20	35.20	16.00	13.70	0.48	0.44	5.20

注：数据来源于全国草业产品质量监督检验测试中心。

紫色象草全株呈紫红色，富含原花青素，具有较强的抗氧化性，可缓解养殖过程中出现的各种应激反应，具有重要的保健性饲草功能优势。通过对 6 个不同象草的拔节期采样送检，测得紫色象草原花青素含量为 26.6 mg/100 g，是其他象草品种的 2.93 ～ 5.55 倍。原花青素是最有效的天然抗氧化剂，富含原花青素的紫色象草作为饲料应用可缓解养殖过程中出现的各种应激反应，有利于牛、羊养殖产业的安全、高效发展。

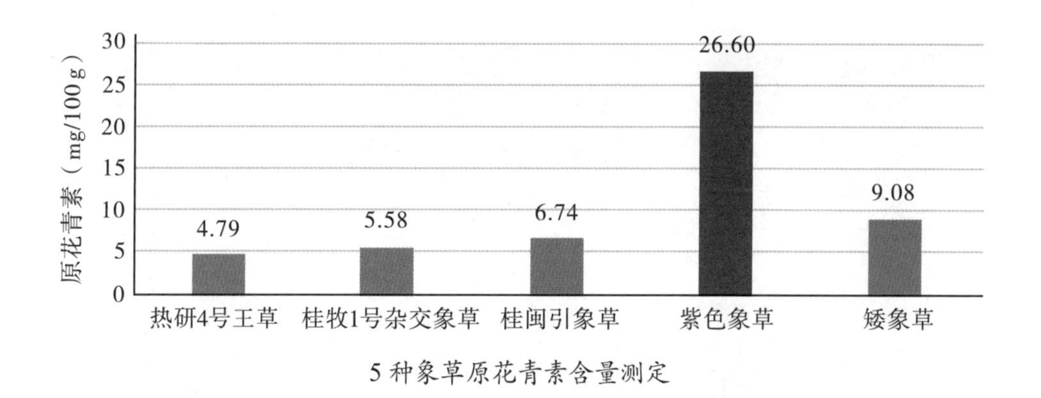

5 种象草原花青素含量测定

2. 生产性能

紫色象草再生力强，产草量高，每年可刈割 5 ~ 7 次，年累计株高可达 7.06 m，年产鲜草 225 ~ 360 t/hm^2，年产干草 38.25 ~ 57 t/hm^2。紫色象草叶量大，草质柔软，茎叶比为 1.17 ：1，分别比热研 4 号王草和桂闽引象草低 2.5% 和 18%，饲用价值明显。适时收割的青草，茎叶质地柔软，叶量大，适口性好，利用率高，各类畜禽喜食，可用于牛、羊、兔、鸵鸟、鱼等草食动物饲喂，同时广泛用于能源草、石漠化治理、水土保持、护坡、观赏、果园套种、林草套种等领域的开发利用。

第四节　矮象草

中文学名	矮象草
英文名称	Dwarf elephant grass
拉丁学名	*Pennisetum purpureum* K. Schum. CB cv. Mott
科　　属	禾本科狼尾草属
别　　名	美国矮象草

矮象草原产于美国，广西壮族自治区畜牧研究所于 1987 年引进，1992 年通过全国牧草品种审定委员会审定，登记为引进品种，品种登记号为 134。育种单位为广西壮族自治区畜牧研究所。

矮象草及品种审定证书

（一）植物学特征

矮象草是多年生栽培品种，秆直立，圆形，直径 1～2 cm，通常高 1～1.5 m。节间短而密，通常长 1～2 cm，成熟节间具黑粉；节径大于节间，略呈葫芦状。叶鞘包茎，长 15～20 cm，幼嫩时光滑无毛；基部叶鞘老时松散；叶片质厚，披针形，直立，长 50～100 cm，宽 3～4.5 cm，深绿色；叶脉细小，白色，宽 0.2～0.4 cm；边缘微粗糙，幼嫩时全株光滑无毛，老时基部叶面和边缘近叶鞘处生疏毛；叶舌截平，膜质，长 2 mm。穗状圆锥花序白色，长 15～20 cm，直径 1.5～3 cm，每穗由许多小穗组成，熟时小穗容易脱落。刚毛状小枝较短，主轴密生柔毛，小穗长约 1 cm。11 月上旬至中旬抽穗。种子黑色，结实率低，且发芽率、成活率均很低，故多采用无性繁殖。

矮象草

矮象草特征

（二）生物学特性

矮象草适应性广，在海拔 1000 m 以下、年极端低温 -5 ℃以上、年降水量 700 mm 以上的热带、亚热带地区均可种植。春季气温达 14 ℃时开始生长，25 ～ 30℃时生长迅速。在广西南宁，从 2 月中旬至 12 月均能生长，4 ～ 9 月生长最旺盛，11 月以后因气温下降、降水量减少而长势减弱，如灌水肥仍可保持生长势头至翌年。矮象草较耐寒，在桂南地区地上部分能越冬；在桂北地区，重霜时部分叶片枯萎，但地下部分能安全越冬。矮象草一般种植后 7 ～ 10 d 出苗，出苗约 7 d 后有一段生长缓慢期。此时，所需的营养物质由从种茎中转向从土壤中吸取，植株开始长根，若喷施叶面肥可加快其生长速度。此期后 10 d 左右快速生长，植株开始分蘖，分蘖期后约 15 d 进入拔节期，拔节期维持时间较长。11 月上中旬为开花期。矮象草物候期见表 1–4。

表 1–4　矮象草物候期（南宁）

种植期	出苗期	分蘖期	拔节期	开花期	成熟期
5 月 13 日	5 月 22 日	6 月 3 日	6 月 19 日	11 月 11 日	1 月 15 日

（三）营养品质及生产性能

1. 营养品质

矮象草叶量大，品质好，是中小型动物如鱼、兔、鹅、猪的上乘饲料，其营养价值在热带禾本科饲草中表现极为突出。通过不同季节、不同品种的营养价值分析比较可以看出，矮象草粗蛋白质含量在春季比华南象草高 53.85%，比杂交狼尾草高 48.15%，冬季比华南象草高 68.89%，比杂交狼尾草高 46.15%；粗纤维含量在春季比华南象草低 9.25%，比杂交狼尾草低 9.86%，冬季比华南象草低 20.07%，比杂交狼尾草低 14.03%（表 1–5）。

表 1–5　不同季节矮象草与对照品种的化学成分含量（绝干基础）

品种	季节	粗蛋白质（%）	粗脂肪（%）	粗纤维（%）	无氮浸出物（%）	粗灰分（%）	钙（mg/kg）	磷（mg/kg）	物候期
矮象草	春季	12.00	3.10	26.50	43.50	15.00	0.36	0.52	营养期
	夏季	6.70	2.50	28.90	49.40	12.60	0.25	0.39	营养期
	秋季	6.10	2.80	26.90	50.10	13.30	1.00	0.36	营养期
	冬季	7.60	2.30	23.90	42.00	24.20	0.95	0.52	营养期
杂交狼尾草	春季	8.10	2.60	29.40	47.20	12.60	0.70	0.52	营养期
	夏季	4.20	1.80	31.60	54.40	8.00	0.25	0.24	营养期
	秋季	5.60	2.00	30.50	54.20	7.60	0.78	0.28	营养期
	冬季	5.20	2.00	27.80	49.90	15.20	0.67	0.27	营养期

续表

品种	季节	粗蛋白质（%）	粗脂肪（%）	粗纤维（%）	无氮浸出物（%）	粗灰分（%）	钙（mg/kg）	磷（mg/kg）	物候期
华南象草	春季	7.80	2.50	29.20	48.80	11.80	0.30	0.56	营养期
	夏季	4.70	1.10	24.30	52.30	7.40	0.14	0.27	营养期
	秋季	4.90	2.00	31.30	54.20	7.60	0.81	0.34	营养期
	冬季	4.50	1.90	29.90	50.30	13.50	0.47	0.36	开花期

2. 生产性能

矮象草属丛生型，节密，生长 1 年的节达 49 个，比华南象草多 10% ～ 25%，比杂交狼尾草多 40% ～ 60%，因此叶量大，一般可占总生物量的 80% 以上。如在株高 70 cm 左右时刈割饲喂鱼、兔，叶量可为 90% ～ 95%。矮象草分蘖多，在贫瘠土壤上分蘖可达 60 株，在水肥较好的土地上分蘖可达 150 株。矮象草种植后 45 ～ 55 d 即可刈割利用，生长旺季再生草 20 ～ 25 d 即可利用。一般草高 60 ～ 100 cm，拔节 1 ～ 2 个，下部茎用手折断而无纤维相连时刈割产量高、质量好、利用率高。据观测，第一年春季种植，第二年每株分蘖最多达 210 株，冠幅达 0.6 m^2，平均每株年产鲜草 19.3 kg。

矮象草长势良好

第五节 华南象草

中文学名	华南象草
英文名称	Elephant Grass
拉丁学名	*Pennisetum purpureum* Schum. cv. Huanan
所属科属	禾本科狼尾草属

华南象草原产于印度尼西亚，由广西壮族自治区畜牧研究所于 1960 年引进，1990 年通过全国牧草品种审定委员会审定，登记为地方品种，品种登记号为 067。选育单位为广西壮族自治区畜牧研究所、华南热带作物科学研究院。

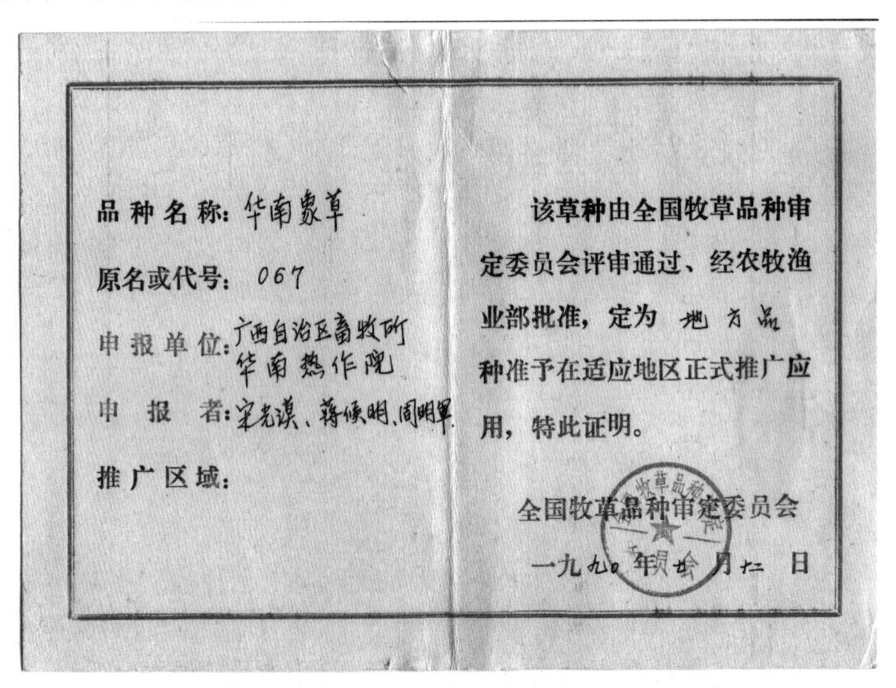
品种名称：华南象草
原名或代号：067
申报单位：广西自治区畜牧所
华南热作院
申报者：宋光谟、蒋候明、周明军
推广区域：

该草种由全国牧草品种审定委员会评审通过、经农牧渔业部批准，定为地方品种准予在适应地区正式推广应用，特此证明。

全国牧草品种审定委员会
一九九〇年 [illegible] 月十二日

华南象草审定证书

（一）植物学特征

华南象草是多年生高大禾本科狼尾草属草本植物，秆直立，茎直径 1 ～ 2.5 cm，株高 2 ～ 3 m。丛生，茎基部节密生，各节易出芽生根，在高温湿润条件下，中下部节能产生气生根，上部节能长出分枝。分蘖性强，一般分蘖 25 ～ 40 个。须根发达，大量分布在 30 ～ 40 cm 深的土层。每个茎秆有 18 ～ 25 节，每节有芽和 1 片叶片。叶长条形，叶质较硬，叶片长 30 ～ 100 cm，宽 2.0 ～ 4.5 cm，叶面具茸毛，叶脉明显，呈白色；叶鞘长于节间，包茎，长 8.5 ～ 15.5 cm。叶鞘边缘具粗密茸毛，叶舌小，叶鞘有少量茸毛。圆锥花序密生成穗状，穗长 15 ～ 20 cm，幼时浅绿色，熟时褐色；长刚毛包围小穗；小穗披针形，单生或 3 ～ 4 个簇生成束，长约 0.6 cm；每个小穗具小花 3 朵，下部小花雄性，上部小花两性。一般在 11 月至翌年 2 月抽穗开花，结实率极低。生产上多用无性繁殖进行播种。

华南象草

华南象草特征

（二）生物学特性

华南象草是一种喜温的热带型饲草，不耐寒，适宜在高温、长日照的环境下生长。日均气温 12 ～ 14℃时开始生长，25 ～ 35℃时生长最为迅速，8 ～ 10℃时生长受到抑制，5℃以下时停止生长，如土壤温度长期低于 4℃，则易被冻死。在广东、广西的中部和南部以及福建南部和沿海一带都能自然越冬，并保持青绿色。即使在寒冬，只要有灌溉条件也能继续生长。在华南地区 4 ～ 10 月为旺盛生长的季节。

华南象草适宜在年降水量 1000 mm 以上、大于 0℃积温超过 7000℃且 10℃以上积温达 6500℃的地区生长。土壤肥沃、肥料充足并有灌溉条件时生长旺盛，草质好，产草量高。华南象草根系发达，因此具有较强的抗旱能力。据观察，华南象草在 30 ～ 40 d 高温无雨、空气和土壤都相当干燥时也不受害；抗病虫性强，在华南各地长期栽培很少发现病虫害；耐热、耐湿、耐旱、耐酸、不耐涝、抗倒伏，对氮肥敏感，在高水肥条件下生长快、产草量高。

（三）营养品质及生产性能

1. 营养品质

华南象草在株高 130 ～ 150 cm 的拔节期刈割，粗蛋白质含量占干物质总量的 9.5%，粗脂肪、粗纤维、无氮浸出物和粗灰分含量分别为 3.81%、28.98%、42.87% 和 8.6%，并含有大量的钙、磷等元素和多种维生素。华南象草的主要缺点是主茎粗大和茎部木质化，对小型草食家畜的适口性差。

2. 生产性能

华南象草具有产草量高、供草时间长、收割次数多等特点。在广西、广东等地一年可刈割 5 ～ 6 次，一般年平均产鲜草 150 ～ 225 t/hm^2，产草量高的地区可有 375 t/hm^2 以上。4 ～ 11 月可鲜喂，饲喂期长达 240 d。

第六节　其他国审象草品种

一、德宏象草

中文学名	德宏象草
拉丁学名	*Pennisetum purpureum* Schum. cv. Dehong
科　　属	禾本科狼尾草属

德宏象草在 20 世纪 30 年代从缅甸引进云南德宏，经过七八十年的栽培种

植，已遍布云南的热带、亚热带地区，成为当地草食家畜的优良饲草。2007 年通过全国草品种审定委员会审定，登记为引进品种，品种登记号为 340。育种单位为云南省肉牛和牧草研究中心、云南省德宏傣族景颇族自治州盈江县畜牧站。

德宏象草

（一）植物学特征

德宏象草属多年生禾本科狼尾草属草本植物。须根系庞大，主要分布于 0 ～ 40 cm 深的土层中；茎直立，圆形，株高 3 ～ 4 m；节长 8 ～ 25 cm，节间具明显芽沟和嫩芽。分蘖性强，分蘖 60 ～ 80 个；叶片长约 80 cm，宽约 3 cm，中脉粗壮，浅白色，腹面疏生细毛，背面无毛；叶舌短小，有粗密硬毛；圆锥花序呈柱状，黄色，长约 23 cm，直径约 4 cm（含刚毛）；每个花序含小穗 308 个，种子千粒重约 0.7 g（含刚毛）。

（二）生物学特性

德宏象草喜高温、高湿环境，耐涝。草质良好，营养期粗蛋白质含量占干物质总量的 10.96%，牛、马、羊、兔、鹅均喜食。可单种刈割利用，干物质产量 25 ～ 30 t/hm^2。

基础原种：由云南省肉牛和牧草研究中心保存。

适应地区：云南热带、亚热带地区。

二、苏牧 2 号象草

中文学名	苏牧 2 号象草
拉丁学名	*Pennisetum purpureum* Schum. cv. ‘Sumu No.2’
科　　属	禾本科狼尾草属

苏牧 2 号象草以 N51 象草幼穗离体培养的颗粒状愈伤组织为外植体，在继代培养时用 NaCl 直接胁迫筛选和分化获得再生植株，经耐盐性筛选、鉴定优选而成。2010 年通过全国草品种审定委员会审定，登记为育成品种，品种登记号为 397。育种单位为江苏省农业科学院畜牧研究所、浙江绍兴白云建设有限公司。

苏牧 2 号象草

（一）植物学特征

苏牧 2 号象草属多年生草本。秆直立、丛生，株高 2 ～ 4 m，分蘖性强，须根发达，茎直径 2.5 ～ 3.0 cm。茎生叶长 95 ～ 110 cm，宽 3.0 ～ 3.5 cm，叶片腹背面均有短茸毛，但背面茸毛稀少；中脉明显，白色。圆锥花序淡黄色，穗长 15 ～ 20 cm，穗直径 2.0 ～ 3.0 cm，小穗单生，每个小穗具小花 3 朵。结实率极低，以根茎繁殖。

（二）生物学特性

苏牧 2 号象草在气温 5℃以下时停止生长，在北纬 26° 以北地区不能自然越冬。喜温、耐湿、耐旱和抗倒伏，全生育期无明显病虫害，耐盐性强，盐含量 ≤ 0.6% 时生长良好。在浙江中部海涂地含盐量为 0.30% ～ 0.45% 时，干物质产量 12000 ～ 20000 kg/hm^2，非海涂地干物质产量为 24900 ～ 32000 kg/hm^2。株高 1.50 ～ 1.65 m 时干物质中平均含粗蛋白质 10.53%、粗脂肪 1.88%、中性洗涤纤维 70.70%、酸性洗涤纤维 44.32%、粗灰分 8.20%。可作为草食畜禽和鱼类的饲草、优质纸浆和人造板原料、生物质能源转化原料及水土保持植物利用。

基础原种：由江苏省农业科学院畜牧研究所保存。

适应地区：我国长江流域及以南地区。

【参考文献】

[1] 白淑娟，赖志强 . 南方优质牧草——杂交狼尾草矮象草 [M] . 北京：台海出版社，2000.

[2] 陈默君，贾慎修 . 中国饲用植物 [M] . 北京：中国农业出版社，2002.

[3] 赖志强，蔡小艳，易显凤，等 . 广西饲用植物志（第一卷）[M] . 南宁：广西科学技术出版社，2011.

[4] 赖志强，姚娜，易显凤，等 . 优质牧草栽培与利用 [M] . 南宁：广西科学技术出版社，2017.

第二章　人工象草地高产栽培技术

人工草地是为了某一生产和经济利用目标，人为采用农业技术措施，结合所在地的具体生态条件选择适宜草种建植或改良的草地，是现代化畜牧业生产体系中的一个关键组成部分。人工草地是获取高产优质饲草的主要来源，一方面可以弥补天然草地产草量低的不足，有效缓解草场放牧压力，缓解草畜矛盾；另一方面又可以源源不断地为家畜提供量大、质优的饲草，推动草业产业化，促进畜牧业集约化经营。因此，人工草地对促进现代畜牧业持续、稳定、健康发展，保护生态环境，提高畜牧业生产水平具有重要的作用。而畜牧业发展水平正是衡量一个国家农业现代化程度的重要标志。

象草是热带、亚热带地区主要的人工栽培饲草品种之一，是我国南方地区禾本科当家饲草品种。其适应性强，利用率高，但也有一定的适应范围和基本生存条件，因此高效人工象草地的建立，不但需要优良的草种，还需要与之适宜的生产技术体系。运用综合的农业培育技术如播种、排灌、施肥、病虫害防治等建立起来的人工象草地，可以更充分地利用土地资源，在有限的土地上生产出优质、高产的象草。人工象草地建植应把草业生产与农业农村经济结构调整相结合，因地种草，适地种草，全方位、多渠道地推进人工象草地建设。

第一节　象草与环境

高产、优质人工草地的建植，与周围的生态环境因素密切相关。统筹规划好建植地的温度、水分、光照、土壤等环境因素，是人工象草地建植的基础和关键。

一、温度

象草属多年生热带型饲草，温度是决定象草能否安全越冬的关键因素。一般年平均气温在 15℃以上、最低温度在 -2℃以上的地区均能种植，在我国广西、广东、贵州、福建、海南、湖南、江西、云南等地均有栽培。在桂南一带地区，其地上部分能安全越冬，在桂北地区重霜时部分枝叶枯萎，但地下部分仍能安全越冬。越年生植株在春季气温 15℃左右时开始返青生长，25 ～ 30℃时生长迅速。

二、水分

象草为须根系植物，根系非常发达，其根系主要分布在 0 ～ 20 cm 深的土层，纵深可达 4 m，吸收土壤水分能力强，也是需水较多的饲草。其生长发育过程需要消耗大量的水分，水分是决定其产草量的主要因素之一。但象草只轻度耐涝，长时间积水会造成烂根，下雨积水时应注意及时排水。因此，建植人工象草地时，所选择的地块最好易灌易排。

三、光照

象草是短日照植物，在我国海拔 1000 m 以下的热带、亚热带地区均能种植。在一定范围内，光照强度越大，象草光合能力越强，分蘖多，叶量大，颜色浓绿，产草量高，品质好；光照强度超过一定范围，光合作用则出现饱和现象；光照不足时，象草分蘖减少，且茎秆较细，产草量低。

四、土壤

象草根系发达，抗旱，耐贫瘠，对土壤要求不严格，一般田边地脚、房前屋后、农闲田、荒山荒坡等都可种植。但要充分挖掘其生产潜力，获得高产，则以选择微酸性土壤、土层深厚、疏松肥沃、排灌条件良好的地块为宜。象草生物产量非常高，所需的营养物质也较多，土壤养分含量直接影响象草的产量和质量。选择在畜禽牧场周围，利用畜禽粪便或沼液进行种植最佳。

第二节　整地与种植

一、选地

象草的适应性广，适合在各种土壤上种植，但要建成一块高产、优质的人工象草地，应选择便于机械化操作、地形相对平坦开阔、坡度较小、土层深厚的地块，且应选择距离居民点和畜群点较近、具有人畜饮水和灌溉条件的地段，以便管理、运输和饲喂。

二、整地

（一）除杂

为了给象草生长发育创造良好的条件，在翻耕前要对所选地块的地表进行清理，清除地面杂草杂物。在灌木丛生的地方，可用灌木铲除机或人工清除地上生长的灌木丛。地面凹凸不平（如有土丘、壕沟、蚁塔）的地方要进行平整，以保证机械作业。地表的石块、各种垃圾等也要清除干净。对于杂草滋生严重的地块，在翻耕前可用草甘膦进行喷施处理，1 周后再进行翻地。

（二）翻耕

翻耕为基本的耕作方式，又称犁地、耕地。它对土壤的作用和影响很大，通过翻耕可改变土壤中固相、液相、气相三相的比例，熟化土壤，从而使整个耕作层发生显著变化，增加土壤的通透性，翻埋植物残茬和杂草，减少病虫害。翻耕的主要工具是犁，分为有壁犁和无壁犁，分别具有各自不同的农业技术特性。翻耕深度一般以 25 ～ 30 cm 为宜。

翻耕

（三）耙地

耙地为表土耕作，是基本耕作的辅助性措施，也是必不可少的措施，作业深度一般限于表层 10 cm 以内。通过机械打碎、磨碎、碾碎等，可达到土壤细碎、表面平整的目的。耙地的作用是疏松表土，耙碎耕层土块，平整地表，保持墒情，为筑畦、起垄、开行等做准备。

在生产实践中，由于土地情况的不同，耙地的主要任务以及采用的农业机具也不同。对于刚翻耕过的土地，耙平地面、耙碎土块、耙实土层、耙出杂草的根茎是非常重要的作业程序，可达到保墒的目的，为播种创造良好的地面条件。耙地的工具为钉齿耙。黏重的土壤可采用重型圆盘耙进行碎土和平土，其对多草的荒地具有杀伤野生杂草的作用。在已耕地上施肥，由于不能再进行深耕，用圆盘耙耙地可以起到混合土肥的作用。

（四）施基肥

象草种植前伴随着土地翻耕施入有机肥或迟效性的化学肥料、少量速效肥料作为基肥，也称底肥，以促进象草苗期的生长发育。根据土壤条件不同，基肥种类和施用量也不同。厩肥、堆肥等作基肥使用，使用量一般为 22500 ～ 37500 kg/hm^2；复合肥作基肥使用，使用量一般为 450 ～ 750 kg/hm^2。

施基肥

（五）整地

砂质土壤或岗坡地应整地为畦，便于灌溉，畦宽 250 ～ 300 cm、深 20 cm，畦间保留 100 cm 宽的小径以便进行田间管理，种植前在畦面开行，行距 60 ～ 80 cm、深 15 cm；陡坡地应沿等高线平行开穴种植，以利于保持水土；平坦黏土地、河滩低洼地应整地为垄，垄间开沟，便于排水。

砂质土壤或岗坡地整地为畦

陡坡地开穴种植

平坦黏土地整地为垄

三、种植

（一）选种及种茎处理

象草种子结实率和发芽率均低，且实生苗生长极缓慢，一般采用原生草的茎秆作为种苗，采取无性繁殖的方式种植。选择粗壮无病、节芽饱满、6月龄以上成熟植株的茎秆中下部作种茎，用锋利无锈刀具将种茎砍成每段2芽节（选用扦插法种植的则断口斜砍成 45°），切口尽量平整，减少损伤。为提高成活率，有条件的可用生根粉液浸泡砍好的种茎下端 1 ～ 2 h 后再种植。砍好的种节最好当天下种，以防水分丧失。

选择粗壮无病、6 ～ 10 月龄的成熟植株

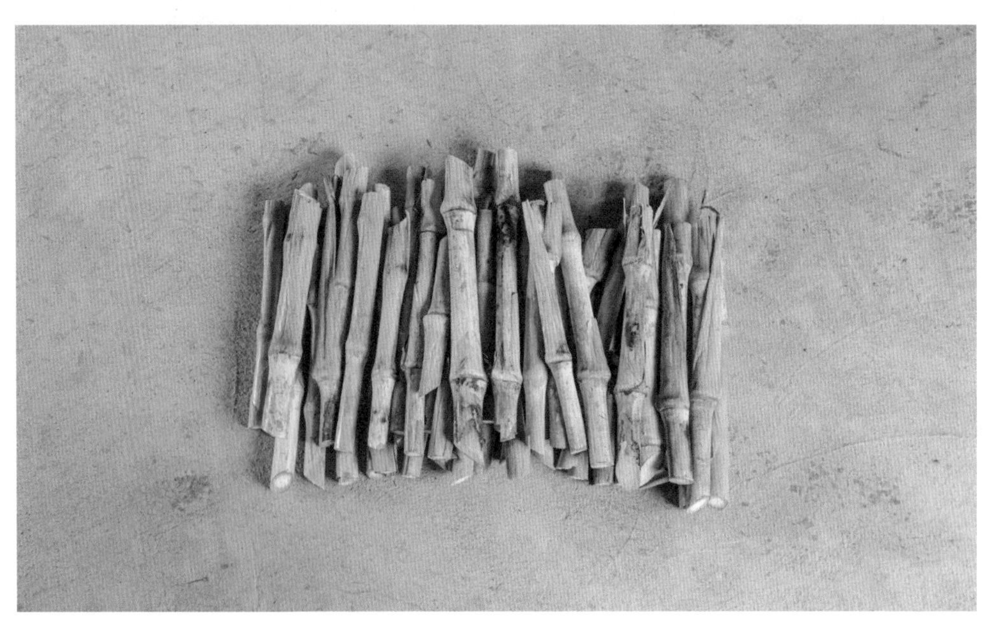

种茎平砍

种茎斜砍

（二）种植时间

象草为多年生禾本科植物，在南方大部分地区可以越冬。因此，冬季无霜地区一年四季均可栽培。有霜地区，以 3 ～ 6 月种植为最佳，在日均气温达 15℃时即可种植。也可随时育苗移栽。

（三）种植方法

在土壤、气候及管理条件较好时，可用种茎直接在大田种植。在条件较差的情况下，为保证茎节（根茎）的出苗率，应采用先育苗后移栽的方式进行栽培。

1. 育苗移栽法

（1）育苗时间。全年均可育苗，以 2 ～ 6 月为宜，有利于移栽。

（2）苗地准备。选择向阳、土壤疏松肥沃、排水良好的地块作苗床，每公顷施农家肥 45000 kg 或复合肥 1500 kg，深耕细作，使地表土细且疏松，土面平整，按 1.2 m 宽整畦，畦与畦之间修建排水沟。

（3）种茎准备。选取健康、无病虫害、粗壮的茎秆作为种节，撕去包裹腋芽的叶片，用刀斜切成小段，每段保留 1 个节，每个节上应有 1 个腋芽，芽眼上部留短，下部留长。切好后用生根粉液浸泡 1 ～ 2 h 可提高成活率。当天切好的种节应当天下种，以防水分丧失。

（4）苗圃种植。按株行距 10 cm × 20 cm 将准备好的种节腋芽朝上，与地面成 45° 斜插于土壤中，节芽入土 3 cm 以上，并用细土将腋芽覆盖，及时浇足 1 次清水保墒。

（5）育苗期管理。每天（晴天）浇水保持苗床土壤湿润，下种后 7 ～ 10 d 开始出苗。苗期需除草 2 ～ 3 次，除草后可用尿素 150 kg/hm^2 化水浇淋。待苗长高至 20 ～ 25 cm 时（20 ～ 30 d）即可取苗移栽。

（6）整地移栽。苗高 20 ～ 25 cm 时即可挖土取苗。移栽法可采用直接栽培法中开沟种植的斜摆法或开穴种植法，移栽后浇足定根水。天晴干旱时每 2 d 浇 1 次水，直至返青。

2. 直接栽培法

直接栽培主要有 3 种方法，根据栽培的目的、用途的不同，象草栽培的株行距也不同。作青饲料应栽培密些，每公顷栽 30000 ～ 45000 株，株距 30 ～ 50 cm，行距 60 cm；作种节繁殖、架材、观赏应栽培疏些，每公顷栽 15000 ～ 22500 株，株距 50 ～ 70 cm，行距 80 ～ 100 cm；作围栏、护堤、护坡用的应栽培更密些，株行距 30 cm × 40 cm。

邓素媛等（2014）以桂闽引象草为例，通过设置不同的种植密度，探索种植密度对象草生长性能的影响。试验设置种植株距为 40 cm，行距分别设置为 30 cm、40 cm、50 cm、60 cm。从试验数据统计分析来看，桂闽引象草平均年生长高度随着密度的降低呈先降低后稍微上升的趋势，低密度处理（40 cm × 60 cm）的株高比高密度处理的株高低了 5.7%；鲜草产量随着种植密度的降低呈现增加趋势（表 2–1），密度为 40 cm × 60 cm 时达到最大，年平均鲜草产量为 245.9 t/hm^2，比其他密度的高 35.4% ～ 41.2%，差异显著（$P < 0.05$）。从分蘖数来看，密度为 40 cm × 60 cm 的分蘖数最高，与其他密度相比高出 11.7% ～ 19.1%；鲜草的茎叶比随着种植密度的减小依次为 1.36、1.27、1.34、1.46，种植密度越低，茎秆越粗。

由此可见，种植密度过大时，桂闽引象草长得高、细，茎叶比较小，生物产量低；随着种植密度的减小，茎叶比相应变大，植株高大且较粗壮，产量较高，品质较优。通过试验得出最佳的种植密度为 40 cm × 60 cm。

表 2-1　不同种植密度象草年鲜草产量比较

种植密度（cm × cm）	鲜草产量（t/hm²）		
	2012 年	2013 年	平均
40 × 30	151.9b	199.0b	175.4b
40 × 40	156.6b	189.9b	173.3b
40 × 50	160.0b	203.2b	181.6b
40 × 60	203.9a	287.9a	245.9a

注：同列不同小写字母表示差异显著（$P < 0.05$）。

（引自邓素媛等，《上海畜牧兽医通讯》，2014）

（1）开沟种植。在较平整的大田或地块上种植时，按 50 ～ 80 cm 的行距开沟，施足基肥后将种茎间隔 20 ～ 40 cm 平放在沟内，覆土厚 3 ～ 5 cm。或将准备好的种茎与地面呈 45° 斜放于行壁上或插入沟中，株距 30 ～ 60 cm，覆薄土，露顶 2 ～ 3 cm。

平放法：在干旱季节能较好保持象草芽的活性

斜摆法：用种量较少，在雨水充足的条件下，象草出苗较快且整齐

斜摆法：露顶 2 ～ 3 cm

（2）开穴种植。在坡地或山地种植时，可采用开穴种植方式。按株行距 50 cm × 60 cm 的规格开穴，每穴 1 ～ 2 株种茎斜放于穴中，覆土，露顶 2 ～ 3 cm。

坡地或山地采用开穴种植

（3）分蔸移植。将已种植 2 ～ 3 年、生长健壮的植株选作种苗，在一丛中连根挖起 2/3，除去上端的嫩叶，保留 10 cm 左右，分株带根一起移栽，每穴栽 1 ～ 2 株，株行距 50 cm × 60 cm。此种方法种苗成活率高，生长速度快。在雨季或灌溉条件好的地区可采用此法。

植株去掉上端，保留 10 cm 左右，留根

分蔸移植：成活率高，生长速度快

每穴栽 1 ～ 2 株，株行距 50 cm × 60 cm

四、种植后田间管理

1. 补苗

出苗后，如有缺苗应及时补苗，以确保基础苗数量。

2. 浇水与排水

若遇晴天干旱，种植后需进行灌溉浇水管理，首次灌溉以土地湿透为宜。如果种植后 1 个月不下雨，则每隔 7 d 浇水 1 次，直至出芽均匀即可。象草喜肥水但不耐涝，浇水要适度，应避免积水浸泡，下雨积水时应及时排水。

3. 除杂草

新种植的象草地苗期易繁生杂草，苗出齐至分蘖前要进行 1 ～ 2 次中耕除草；每次刈割后苗期也需要进行 1 次中耕除草。

4. 追肥

象草生长迅速，需肥多，要及时进行追肥。幼苗长出 3 ～ 4 叶时，施 1 次壮苗肥，每公顷施尿素 60 ～ 75 kg；幼苗长至 50 cm 左右时施 1 次分蘖肥，每公顷施尿素 150 ～ 225 kg；每次刈割后，每公顷追施尿素 150 ～ 225 kg 或农家有机肥 30000 ～ 45000 kg，或每星期用沼液灌溉草地 1 次。每次施肥最好是在下雨后结合松土进行。

5. 适时刈割

象草种植后 2 ～ 3 个月，株高 100 ～ 150 cm 时即可刈割利用。象草的刈割时间要根据土壤、水肥条件、饲喂动物、适口性、营养价值和产草量进行刈割利用。饲喂鸡、鹅、草鱼等小型动物，需要茎秆鲜嫩，可在株高 50 ～ 80 cm 时刈割利用；饲喂猪、山羊等，可在株高 100 ～ 120 cm 时刈割利用；饲喂黄牛、水牛等大型家畜，可在株高 150 ～ 200 cm 时刈割利用。刈割时要离地面 10 cm 左右，初次刈割的留茬高度应低些，以 5 ～ 10 cm 为宜，以利于从根头萌发强壮的分蘖。进入 11 月后，象草生长速度变慢，此时一般停止刈割利用。

6. 病虫害防治

象草极少发生病虫害，个别地区夏季偶见钻心虫和蚜虫为害，可在幼虫期用乐果或吡虫啉喷洒防治，喷药后要 7 d 以上才能刈割利用。种茎田要铲除四周的杂草，注意防治鼠害。

7. 越冬管护

象草宿根性强，一次种植可连续收割 5 ～ 8 年，冬季应防冻保蔸，在气温为 0℃左右的地区可自然越冬；在霜冻期较长的地区，应培土保蔸或加盖干草、猪粪牛粪、塑料薄膜等越冬，同时要清除田间残叶杂草，减少病虫害的越冬场所。

第三节 水肥管理

一、灌溉

象草是需水较多的饲草，干旱地区和少雨季节完全依靠降水很难满足其对水分的需求。因此，在建植人工象草地时，最好能同时兴建水利灌溉措施，做好蓄水，以利于春旱、伏旱、冬旱期间灌溉使用。

1. 灌溉时间

（1）象草新植地。栽种 30 d 内最好保持土壤湿润。种植后若遇天晴干旱，需进行灌溉浇水，首次灌溉以土地湿透为宜。种植第一个月在不下雨的情况下每隔 7 d 浇水 1 次，直至出芽均匀。

（2）象草利用地。象草进入生长期后生长速度快，生长量大，此时对水的需求量大大增加，应保证水分的供应。每次刈割后应进行 1 ～ 2 次灌溉，且最好在上午进行。象草地附近有畜禽养殖场的可每星期用沼液灌溉草地 1 次。

2. 灌溉方法

人工象草地的灌溉主要有漫灌、畦灌和空中喷灌等方式。

（1）漫灌。漫灌也叫浸灌，一般多在平缓草地上采用，是利用水的势能作用，在草地上引水漫流，短期内浸淹草地的灌溉方式。漫灌的优点是工程简单、成本低、收效大，有的水源带有大量有机肥料，可以起到增加土壤肥力的作用。缺点是耗水量大、耗时长、地势不平时容易灌水不均匀。若坡度大时，可采用阻水渗透灌溉方式，如通过挖水平沟、鱼鳞坑、修筑坝等拦阻水势，使水沿有坡度的沟、坑慢慢下流渗透，达到灌溉目的。这是对特殊地形地势草地的浸灌方式。草地浸灌最好每年进行 2 ～ 3 次，春季缺水时更有必要进行 1 次浸灌，使草地充分浸润，以利于饲草快速生长。但淹浸时间不宜过长，以免象草根系受涝害而烂根或死亡。

（2）畦灌。畦灌是用田埂将灌溉土地分割成一系列长方形小畦，灌水时将水引入畦田，在畦田上形成很薄的水层并沿畦长方向移动，在流动过程中主要借重力作用逐渐湿润土壤的灌溉方式。其优点是成本低、较漫灌稍省水，缺点是费水、费工、占地多。

（3）空中喷灌。空中喷灌是利用专门的喷灌设备将水喷射到空中，散成水滴状均匀浇灌在草地上的灌溉方式。其优点是灌水均匀、节水、节地、省工省力、不受地形限制、对土壤侵蚀作用弱，还可调节田间小气候，增加地面空气湿度。缺点是受风力、风向影响大，而且需要机械设备和能源消耗，投资大。喷灌系统可分为固定式、移动式和半固定式3种。无论哪种形式的喷灌系统都是由动力抽水机械、输水系统及喷灌机械等组成。

3. 排水

象草产草量高，其生物量的积累需要大量的水分，是一种需水较多的饲草，但其不耐涝，长时间被水淹会出现植株生长缓慢甚至烂根死亡现象。因此种植象草要做好排水措施，下雨时应及时排除田间积水。

二、施肥

施肥是提高饲草产量、改善饲草品质的重要措施，氮肥尤其在象草的增产中起着决定性作用。大量施肥能促进象草迅速再生，缩短刈割间隔时间，使多次刈割成为可能。象草可以从土壤中吸收营养元素，但这样远不能满足其快速生长的需要，只有通过科学施肥才能满足其生长发育的营养需求。

1. 确定施肥需求

在制订施肥方案时，首先要取土壤样品，测定分析土壤中主要养分含量（pH值、有机质、碱解氮、有效磷、速效钾等），其次是根据土壤测试情况确定肥料的种类和使用量，规划基肥和追肥的施用时间、种类及单次使用量。

2. 施肥量

饲草需要的养分包括大量元素和微量元素。大量元素有氮、磷、钾、钙、镁、硫，微量元素有硼、锌、锰、铁、铜、钼等。

（1）有机肥料。有机肥料包括厩肥、堆肥、人畜粪尿、绿肥等。其特点是含有丰富的有机质和各种养分，除含氮、磷、钾外，还含有植物生长发育所需要的矿物元素。施用有机肥料不仅可以为象草直接提供养分，还可以增强土壤中的微生物活性，起到改良土壤、提高土壤肥力和防治土壤污染的作用。在象草种植中，有机肥料中的厩肥、堆肥一般作基肥使用，使用量为 22500 ～ 37500 kg/hm^2，也可以在每次刈割后作追肥使用或在秋季最后 1 次刈割后施用作越冬保护。人畜粪尿则主要是在每次刈割后作追肥使用。

发酵好的有机肥

（2）氮肥。氮是植物体内许多重要有机化合物的组分，如蛋白质、核酸、叶绿素、酶、维生素、生物碱和一些激素等。植物体内的各项生命活动，如光合作用、细胞的增长分裂和遗传变异等均有氮的参与。因此，氮对植物的生命活动及产量的形成与品质的优劣均有着极为重要的作用。对象草而言，足量的氮素营养、适量的氮不仅可以取得较高的饲草生物量，增加粗蛋白质含量，还能使其叶量增加，叶片柔嫩，提高适口性。氮肥一般作追肥使用，象草幼苗长出 3 ～ 4 片叶时施 1 次壮苗肥，每公顷施 60 ～ 75 kg 尿素；象草幼苗长至 50 cm 左右时施 1 次分蘖肥，每公顷施 150 ～ 225 kg 尿素；每次刈割后每公顷追施尿素 150 ～ 225 kg。

（3）磷肥。磷是核酸、辅酶、核苷酸、磷蛋白、磷脂和磷酸糖类等一系列重要生化物质的结构组分，具有增强植物抗性、促进根系生长的作用。磷肥可分为水溶性、弱酸溶性和难溶性三大类。其中，水溶性磷能和土壤中的铁、铝、钙等元素结合形成不溶性磷化物，因此施用时要使磷肥置于根系密集层，增加根系与磷肥的接触，以利于吸收。具体措施有沟施、穴施、叶面喷施、过磷酸钙与有机肥料混合堆沤后施等。磷肥一般作基肥使用，也可以与氮肥一起作追肥使用。作基肥时施用量一般为钙镁磷肥 150 ～ 300 kg/hm^2，作追肥时施用量一般为钙镁磷肥 75 ～ 150 kg/hm^2。

（4）钾肥。钾肥主要具有促使象草生长健壮、茎秆粗硬，增强植株抗病虫害和抗倒伏的能力，促进糖分的生成等作用。常用的钾肥有氯化钾、硫酸钾等。钾肥容易在表土层固定，一般采用条施、穴施等方法进行深施。钾肥一般作基肥使用，也可以与氮肥、磷肥一起作追肥使用。作基肥时施用量一般为 150 ～ 300 kg/hm^2，作追肥时施用量一般为 105 ～ 225 kg/hm^2。

（5）钙镁硫肥。钙对植物细胞膜的构成及其渗透性起重要作用，可促进硝态氮的吸收；镁是叶绿素的组成成分，也是多种生理生化功能的激活剂；硫是合成蛋白质和其他代谢产物的重要成分。钙镁硫肥可以在种植前与有机肥一起作基肥施入土壤中。

（6）微量元素肥料。土壤中微量元素的含量一般足够象草长期利用，不需要额外施用。若新生组织上表现出缺乏微量元素的症状，经过鉴别认定后，则要施用微量元素肥料来补充。常用的微量元素肥料有硼砂、硼酸、硫酸铜、硫酸锰等。

（7）复混肥料。含氮、磷、钾三大元素中 2 种或 2 种以上的肥料称为复混肥料（复合肥）。复混肥料的有效成分以氮－磷－钾含量表示。复混肥料具有养分含量高而全、肥效稳而长、能减少施肥量及次数的特点。在无有机肥的情况下可以作基肥使用，用量为 450 ～ 750 kg/hm^2。也可根据土壤的缺肥情况选择施用不同配比的复混肥料。

3. 施肥方法

（1）基肥。基肥也叫底肥，是种植前结合土壤耕作施用或施在垄底的肥料，可以起到培养地力、改良土壤和为象草提供养分的作用。作基肥的肥料主要是有机肥料或磷肥、复混肥料。基肥的施用方法，一是结合翻耕整地一次施入，翻地前均匀施入地表，然后翻到 18 ～ 20 cm 土层；二是结合耙地施入，耙地前将粪肥均匀扬开，然后耙入土中，深度以 10 cm 左右为宜；三是条施，种植前把粪肥均匀地施在垄沟，使其集中到苗带，深度以 10 ～ 15 cm 为宜。

（2）种肥。播种（或定植）时施于种茎（种苗）附近的肥料叫作种肥。施用种肥，可以为种茎发芽和幼苗生长创造良好的条件，有利于象草在幼苗期的快速生长。用作种肥的肥料主要是腐熟有机肥或复混肥料、磷肥、钾肥等。施用方法是条施或穴施，施后盖土 3 ～ 5 cm 再种植象草。

（3）追肥。追肥是在象草生长期间或刈割后施用的肥料，追肥可以满足其快速生长的需求。追肥的肥料主要是氮肥、复混肥料、有机肥料或人畜粪尿等。追肥的方法有撒施、条施、穴施和溶水灌溉施。撒施、条施和穴施一般也要结合灌溉一起进行。

4. 不同肥料、施肥量对象草的影响

（1）氮肥、磷肥、钾肥不同施肥量对象草生产性能及品质的影响。姚娜等（2014）以氮肥、磷肥、钾肥为试验因子，采用“3414”平衡施肥方法对桂闽引象草的高产施肥模式进行了研究。氮肥为尿素（N 为 46%），磷肥为钙镁磷肥（P_2O_5 为 21.8%），钾肥为氯化钾（K_2O 为 60%），全部试验设计 14 个肥料用量组合。行距 50 cm，株距 40 cm，封行前及每次刈割后按设计好的肥料配比组合进行施肥。结果表明，桂闽引象草通过合理的氮、磷、钾配比平衡施肥，能够达到较好的生产效果，充分发挥其生产性能，其中以 $N_2P_3K_2$ 施肥效果最佳，即施用氮肥 300 kg/hm^2、磷肥 150 kg/hm^2、钾肥 200.1 kg/hm^2，年鲜草产量为 262.63 ± 29.75 kg/hm^2，干草产量为 56.41 ± 4.03 kg/hm^2，比对照组（无肥处理）分别增产 118.30% 和 121.81%；蛋白质含量为 12.15%，比对照组增加 69.69%，效果显著（表 2–2）。

表 2–2　施肥处理及肥料施用量

处理		施肥水平（kg/hm^2）		
编号	组合	N	P_2O_5	K_2O
1	$N_0P_0K_0$	0	0.00	0.00
2	$N_0P_2K_2$	0	100.05	200.10
3	$N_1P_1K_2$	150	49.95	200.10
4	$N_1P_2K_1$	150	100.05	100.05
5	$N_1P_2K_2$	150	100.05	200.10
6	$N_2P_0K_2$	300	0.00	200.10
7	$N_2P_1K_1$	300	49.95	100.05

续表

处理		施肥水平（kg/hm^2）		
编号	组合	N	P_2O_5	K_2O
8	$N_2P_1K_2$	300	49.95	200.10
9	$N_2P_2K_2$	300	100.05	200.10
10	$N_2P_3K_2$	300	150.00	200.10
11	$N_2P_2K_0$	300	100.05	0.00
12	$N_2P_2K_1$	300	100.05	100.05
13	$N_2P_2K_3$	300	100.05	300.00
14	$N_3P_2K_2$	450	100.05	200.10

（引自姚娜等,《广东农业科学》，2014）

付薇等（2019）也研究了氮、磷、钾施肥配比对桂闽引象草产量和品质的影响。其采用了三因素三水平正交设计的方法，研究所用肥料氮肥为尿素、磷肥为钙镁磷肥、钾肥为氯化钾，全部试验设计 10 个肥料用量组合（表 2–3）。行距 50 cm，株距 40 cm，施农家肥 15000 kg/hm^2 作为底肥，磷肥于播种时一次性施入，氮肥和钾肥于每次刈割后施入。试验结果显示，在不同氮、磷、钾施肥配比处理下，桂闽引象草的株高、再生速度、产量都得到了明显提升；象草的粗蛋白质、粗脂肪含量增高，粗纤维含量降低，营养品质也得到了提升。综合分析，以尿素 300 kg/hm^2、钙镁磷肥 150 kg/hm^2、氯化钾 300 kg/hm^2 的配比施肥效果最好，鲜草产量达 169012.5 kg/hm^2，比对照组（无肥处理）增产 39.74%；粗蛋白质含量为 12.68%，比对照组增加 25.60%。

表 2–3　施肥处理及肥料用量

序号	处理	施肥水平（kg/hm^2）		
		N	P	K
1	$N_0P_0K_0$	0	0	0
2	$N_{10}P_{10}K_{10}$	150	150	150
3	$N_{10}P_{20}K_{20}$	150	300	300
4	$N_{10}P_{30}K_{30}$	150	450	450
5	$N_{20}P_{10}K_{20}$	300	150	300

续表

序号	处理	施肥水平（kg/hm^2）		
		N	P	K
6	$N_{20}P_{20}K_{30}$	300	300	450
7	$N_{20}P_{30}K_{10}$	300	450	150
8	$N_{30}P_{10}K_{30}$	450	150	450
9	$N_{30}P_{20}K_{10}$	450	300	150
10	$N_{30}P_{30}K_{20}$	450	450	300

（引自付薇等，《畜牧与饲料科学》，2019）

（2）氮肥对象草生产性能及质量的影响。滕少花等（2004）研究了氮肥对桂牧 1 号杂交象草的影响。按株行距 40 cm × 50 cm 种植，设置 3 个尿素施肥量水平，分别为 150 kg/hm^2、300 kg/hm^2、450 kg/hm^2，封行前及每次刈割后按设计好的量施放尿素。研究结果表明，随着施肥量的增加，桂牧 1 号杂交象草生长速度逐渐加快（表 2–4）、鲜草产量逐渐增加（表 2–5）。施肥量 450 kg/hm^2 的鲜草产量为 192664.5 kg/hm^2，与施肥量 150 kg/hm^2 的鲜草产量 160674.7 kg/hm^2 差异显著。

表 2–4　不同施肥量处理下刈割时植株高度（单位：cm）

施肥量（kg/hm^2）	1	2	3	4	合计	平均高度
150	178	187.7	178	158	701.7	175.4a
300	184	197.3	179	154	714.3	178.6a
450	189	211.0	172	157	729.0	182.3a

（引自滕少花等，《广西畜牧兽医》，2004）

表 2–5　不同施肥量处理下年平均鲜草产量（单位：kg/hm^2）

施肥量（kg/hm^2）	1	2	3	4	合计
150	57502.9	54002.7	32001.6	17167.5	160674.7b
300	60003.0	57502.9	36668.5	19667.7	173832.0ab
450	69170.2	65169.9	385019.3	19834.3	192664.5a

（引自滕少花等，《广西畜牧兽医》，2004）

梁志霞（2013）研究了氮肥和刈割对桂牧 1 号杂交象草生理生态特性、产量和品质的影响。研究采用长势一致的种苗按株行距 60 cm × 60 cm 移栽，移栽前施钙镁磷肥（P_2O_5 含量为 21.8%）153 kg/hm^2、氯化钾（K_2O 含量为 60%）306 kg/hm^2 作为基肥，氮肥在每年4月、6月、8月、9月施入，每次按试验设计施肥0 kg/hm^2、125 kg/hm^2、250 kg/hm^{2}和375 kg/hm^2，全年累计施氮肥分别为0 kg/hm^2、500 kg/hm^2、1000 kg/hm^2、1500 kg/hm^2。试验结果显示，施氮肥能显著促进桂牧1号杂交象草植株生长和分蘖，随着施肥量的增加，株高呈先增高后降低的趋势，在1000 kg/hm^{2}氮肥水平下达到最高。分蘖数则呈增加的趋势，在1500 kg/hm^{2}氮肥水平下分蘖数最多。施氮肥对桂牧1号杂交象草的增产作用是极显著的，但施肥量超过1000 kg/hm^{2}后，增产效果不明显。说明施用氮肥能增加饲草的产量，但需将施肥量控制在适当水平，以充分发挥施肥效应，在促进饲草增产的同时又能节约施肥成本。施用氮肥后，桂牧1号杂交象草的粗蛋白质、粗脂肪含量显著增加，无氮浸出物含量也在一定程度上呈增加趋势，而粗纤维含量显著降低。施肥量为1000 kg/hm^{2}时，粗蛋白质、粗脂肪和无氮浸出物含量均最高，而粗纤维含量较低。综合表明，以全年氮肥施用量为1000 kg/hm^2、刈割饲草4次、刈割强度为15 cm的组合最佳，此条件下桂牧1号杂交象草产量高、品质好（表2-6）。

表2-6　处理组合与刈割频次

处理组合	氮肥施用量（A）(kg/hm^2)	刈割次数（B）(次)	刈割强度（C）(cm)
A1B1C1	0	1	5
A1B2C2	0	2	15
A1B3C3	0	3	25
A1B4C4	0	4	35
A2B1C2	500	1	15
A2B2C1	500	2	5
A2B3C4	500	3	35
A2B4C3	500	4	25
A3B1C3	1000	1	25
A3B2C4	1000	2	35
A3B3C1	1000	3	5
A3B4C2	1000	4	15
A4B1C4	1500	1	35
A4B2C3	1500	2	25
A4B3C2	1500	3	15

续表

处理组合	氮肥施用量（A）(kg/hm^2）	刈割次数（B）(次）	刈割强度（C）(cm)
A4B4C1	1500	4	5

（引自梁志霞，广西大学，2013）

第四节　病虫害及杂草防治

象草抗病虫性较强，极少发生病虫害。偶见病害有白粉病和炭疽病，害虫有蚜虫、钻心虫和地老虎。

一、病害防治

1. 白粉病

白粉病是由白粉菌科的真菌引起的病害，主要为害叶片，表现为叶片上产生黄色小点，之后蔓延扩展成圆形或椭圆形病斑，表面有一层白色粉状霉层。白粉病多发生在夏季，发现植株发病时应尽快提前刈割，刈割后选喷 15% 粉锈宁 1000 倍稀释液、20% 三唑酮乳油 3000 ～ 5000 倍稀释液、10% 多抗霉素 1000 ～ 1500 倍稀释液或 70% 甲基硫菌灵可湿性粉剂 1000 倍稀释液进行防治。

2. 炭疽病

炭疽病主要为害象草幼苗叶和茎秆，表现为椭圆形（或圆形）灰褐色斑块，直径 5 cm 左右，表面附着有黑色或粉红色胶质的不规则小颗粒，根颈、茎基部发病，严重时分蘖生长发育不良、变黄枯死。防治方法是栽培密度不宜过密，保持空气流通性好，灌溉浇水宜透，不宜次数过多，浇水应在上午进行。发病后用 50% 多菌灵 1000 倍稀释液或 80% 炭疽福美可湿性粉剂 800 倍稀释液喷洒，每隔 7 ～ 10 d 喷洒，连续喷洒 2 次。

炭疽病

二、虫鼠防治

1. 蚜虫

象草发生蚜虫害时，可选用 50% 杀螟松乳剂 1000 倍稀释液、40% 乐果乳油 1500 倍稀释液或 40% 吡虫啉水溶剂 1500 ～ 2000 倍稀释液喷洒。

2. 钻心虫

象草钻心虫害可用 14% 高氯 · 氯虫苯悬浮剂 2000 倍稀释液、20% 氰戊菊酯乳油 3000 倍稀释液或 2.5% 敌杀死乳油 3000 倍稀释液进行防治。

3. 鼠害

象草地容易发生鼠害，尤其是种茎田要铲除四周杂草，采取有效措施防治鼠害。鼠害防治的最佳时期一般为每年的 3 月和 8 月。鼠害的防治有物理防治法和化学防治法，规模化的象草地一般采用化学灭鼠法较为经济。使用化学灭鼠法时应注意安全，防止发生人、畜中毒事故。常用的灭鼠药有 0.5% 溴敌隆水剂、0.75% 杀鼠醚粉剂和 98% 氯敌鼠钠盐粉剂。

三、杂草防治

1. 种植前

种植前若杂草较多，可以每公顷用 10% 草甘膦水剂 15 ～ 22.5 kg 兑水 300 ～ 450 kg 并加入少量的洗衣粉作为表面活性剂，对杂草茎叶定向喷雾。草甘膦属于有机磷类内吸传导型灭生性除草剂，主要通过杂草的茎、叶吸收，传导全株和根部，干扰和抑制氨基酸合成，从而使杂草枯死。草甘膦在土壤中能迅速分解失效，故无残效作用。草甘膦作用时间较长，一般喷药后杂草逐渐变黄，10 ～ 15 d 后杂草才能彻底变黄死亡。或先人工或用割草机除草，晒干后用火烧再进行土地翻耕。

2. 生长期

象草生长期可结合中耕进行人工除草或用微型除草机除草。化学除草可用 56% 二甲四氯钠可溶性粉剂 20 g 或氯氟吡氧乙酸异辛酯乳油 10 mL 兑水 15 ～ 20 kg 进行喷雾除草。也可将两者混合使用，以提高除草效果。

3. 刈割后

象草刈割后若杂草较多，可用 32% 滴酸 · 草甘膦水剂 120 ～ 150 g 兑水 15 kg

向杂草茎叶均匀喷雾。此种除草剂需在象草出苗前（刈割完 4 d 内）使用，以防对象草造成损害。

第五节　利用年限及草地更新

象草为多年生禾本科饲草，寿命很长，一次栽培可多年利用。但随着利用时间的增长，植株老化后分蘖会逐渐变得细弱，并且土壤也会板结而导致肥力减退，使产草量下降。因此，一般 3 ～ 5 年后要对草地进行更新。当然，利用年限、高产期的长短等因土壤、气候、品种及田间管理水平的不同而有很大的差异，在生产中应根据具体情况进行操作。象草地更新的方法主要有挖蔸减苗法和翻耕重种法 2 种。

一、挖蔸减苗法

挖蔸减苗法是指每 3 年左右把象草植株每蔸挖去 1/2 ～ 2/3 的老蔸，并疏松培土。挖出的老蔸可以用于分栽或育苗。这种方法可以破除土壤板结，增加土壤疏松层，改善土壤的通气性、透水性、团粒结构等理化性状，减轻杂草危害，同时还可以刺激象草根茎萌发和老根系的再生，延长生长年限。一般在 3 月的阴雨天进行，此时气温回升，土壤解冻，象草生产力逐渐恢复，更新草地有利于其快速生长。挖蔸减苗法可使象草地在不影响利用的情况下进行更新，缩短草地重新建植的时间，适用于坡度较大和机耕不易操作的小块象草地，也可用于大面积象草地的更新。

二、翻耕重种法

翻耕重种法即将象草地清理后开垦重新种植，具体操作与本章第二节介绍的方法相同。翻耕重种一般也是在 3 月日均气温 15℃以上时进行。翻耕重种法适用于大面积、易于进行机械化操作的象草地的更新。

此外，加强对象草地的管理也可减缓其退化速度，延长使用年限。象草生物量大，对营养元素的需求量也大，营养元素的不足和失调是造成象草地退化的重要原因之一，合理施肥可以促进象草的复壮。如增施有机肥、减少化学肥料的使用和测土配方施肥既可以满足象草生长对营养元素的需求，又可以使土地保持较好的状态，延长象草地使用年限。

【参考文献】

[1] 陈建纲 . 人工草地的越冬管护技术 [J] . 农村养殖技术，2003（1）：28.

[2] 陈立波 . 紫花苜蓿优质高产及加工技术 [M] . 北京：中国农业科学技术出版社，2016.

[3] 程晨 . 人工草地建植技术 [J] . 农民科技培训，2015（8）：47.

[4] 邓素媛，易显凤，赖志强，等 . 不同种植密度对桂闽引象草生长性能的影响 [J] . 上海畜牧兽医通讯，2014（4）：34-35.

[5] 范小勇 . 杂交狼尾草高产优质栽培研究 [D] . 海口：海南大学，2010.

[6] 付薇，覃涛英，韩永芬，等 . 氮、磷、钾施肥配比对桂闽引象草产量和品质的影响 [J] . 畜牧与饲料科学，2019，40（4）：65-68.

[7] 郭孝 . 优质牧草营养与施肥 [M] . 北京：中国农业科学技术出版社，2012.

[8] 黄定庆 . 皇竹草栽培技术及应用价值 [J] . 现代农村科技，2019（12）：86.

[9] 蒋自元 . 临泽县牛场盐渍化土壤苜蓿人工草地的更新措施 [J] . 甘肃农业科技，1993（6）：26.

[10] 赖志强，蔡小艳，易显凤，等 . 广西饲用植物志（第一卷）[M] . 南宁：广西科学技术出版社，2011.

[11] 赖志强，姚娜，易显凤，等 . 优质牧草栽培与利用 [M] . 南宁：广西科学技术出版社，2017.

[12] 李云凤，刘忠杰，张劲峰，等 . 云南藏区围栏植物资源及营建技术 [J] . 中国野生植物资源，2017，36（5）：58-62.

[13] 梁志霞 . 氮肥和刈割对桂牧 1 号杂交象草生理生态特性、产量和品质的影响 [D] . 南宁：广西大学，2013.

[14] 林家传 . 优质桂闽引象草高产栽培技术 [J] . 福建农业，2013（6）：23.

[15] 任继周，蒋文兰 . 贵州山区人工草地退化原因及更新方法研究 [J] . 中国草业科学，1987（6）：13-17.

[16] 滕少花，赖志强，梁英彩，等 . 不同施肥量对桂牧 1 号杂交象草产量的影响 [J] . 广西畜牧兽医，2004（5）：206-207.

[17] 王静 . 种植密度和刈割频率对杂交狼尾草饲用、能源及固碳价值的影响 [D] . 兰州：甘肃农业大学，2010.

[18] 杨毅 . 优质牧草“桂牧一号”杂交象草栽培与利用技术 [J] . 中国畜牧兽医文摘，

2016，32（9）：219.

［19］姚娜，滕少花，赖志强，等．氮磷钾不同施肥配比效应对桂闽引象草生产性能及品质的影响［J］．广东农业科学，2014，41（14）：57-60.

［20］易显凤，滕少花，赖志强，等．桂闽引象草的特征特性与高产栽培技术［J］．黑龙江畜牧兽医，2014（5）：99-101.

［21］张晓佩，高承芳，董晓宁．南方红壤区皇竹草栽培管理技术［J］．福建农业科技，2015（11）：47-48.

第三章　象草的加工利用技术

象草喜温暖湿润气候，适应性很广，在我国南方大部分地区都可以生长，生产季节性强。夏秋季生长迅速，产草量占全年产草量的70%以上。在夏秋季如不能适时刈割、加工，将会使象草丰产而不丰收，不能达到转化为畜产品的目的。目前，我国在象草收获、加工、利用方面已有许多成功经验。

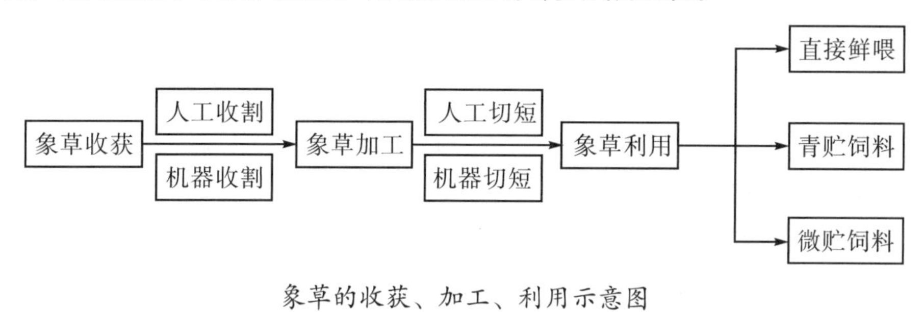

象草的收获、加工、利用示意图

第一节　象草的青贮调制技术

一、青贮饲料的概念及原理

1. 青贮饲料概念

青贮饲料是指新鲜、枯萎或半干的青绿饲料在密闭条件下利用附着在饲料表面的乳酸菌进行发酵，使自身pH值降低而保存营养成分的饲料。

青贮有着非常悠久的历史。在1842年的《波罗的海农业进展协会学报》上，最早记述了青贮的制作工艺："迅速将刚割下的鲜草踏实添满坑，窖一添满就用一层木板或大小恰好的盖将内容物封闭起来，然后上面再盖上一层约45 cm厚的土。"1862年，德国斯图加特市的Reihleu和Wurttemberg Wochenblatt发表了一篇青贮生产工艺的报道，后翻译成法文并发表在1870年的法国农业杂志*Journal d' Agriculture Pratique*上。Goffart是一个普通的法国农民，也是现代青贮实践的主要贡献者，他在1877年青贮玉米试验的基础上，出版了第一本关于青贮的书。1878年，这本书的英译本出版并在美国发行，这种新的贮藏技术迅速被美国农民采用，并逐渐在全球推广。在我国，元代《王祯农书》和清代《幽风广义》里记载有苜蓿等青贮饲料的发酵方法。1944 年的《西北农林》杂志上发表的《玉米窖贮藏青贮料调制试验》是我国最早关于青贮的试验研究报道。1943 年，西北农学院王栋教授、卢得仁助教首次进行带棒玉米窖贮藏青饲料试验并获得成功，进而向全国推广。

2. 青贮饲料的原理

青贮的原理是通过压实密闭饲料，排除空气造成内部缺氧，在缺氧环境下，乳酸菌大量繁殖，分解发酵糖类后，生成的二氧化碳进一步排除空气，产生的乳酸使青贮饲料呈酸性（pH 值为 3.5 ～ 4.2），从而有效地抑制腐败菌生长。最终，乳酸也抑制乳酸菌的繁殖，发酵停止并使青贮饲料进入稳定储藏时期，同时原料中的大部分营养也保存了下来。

3. 青贮饲料的优点

（1）可以最大程度保存青绿饲料的营养物质。青绿饲料晒干后营养价值会损失 30% ～ 50%。而使用青贮工艺加工青绿饲料，在青贮过程中，因为密封厌氧的作用，物质的分解作用十分微弱，营养成分的损失仅为 3% ～ 10%，从而使绝大部分的营养成分特别是蛋白质和维生素（如胡萝卜素）可以较好地保存下来。

（2）增强饲料适口性，提高饲料消化率。青绿饲料鲜嫩多汁，青贮工艺可以保存饲料的水分。青贮饲料一般含水量为 60% ～ 70%。在密闭发酵过程中，由于各种微生物的作用，饲料中会产生大量芳香物质和乳酸，从而增强青贮饲料的适口性，提高消化率。同时，青贮饲料还可以提高家畜对其他饲料的消化率。

（3）平衡青绿饲料的供应。青绿饲料生长周期较集中，老化速度较快，且生长时期受季节影响，一年四季供应不均衡。而将青绿饲料做成青贮饲料后可以长期保存，保存年限可达 2 年，保证粗饲料全年均衡供应。

（4）可杀灭有害物质，净化饲料。青贮过程能杀死青绿饲料中的虫卵、病菌等有害物质，还可以破坏杂草种子的繁殖能力，从而减少害虫、病菌及杂草种子对牲畜及农作物的危害。

因为这些优异的特性，青贮饲料作为草食家畜的主要饲料，已越来越受到各国政府、企业和农户的重视。

二、常用青贮设备

青贮设备有很多种，青贮袋、青贮窖和青贮塔是目前常用的青贮设备。青贮的场址应选择土质坚硬、地势高、地下水位低、靠近畜舍、远离水源和被污染的地方。青贮设备要坚固结实、不透气、不漏水。

1. 青贮塔

青贮塔是有全塔式和半塔式 2 种形式的圆筒形建筑，一般用混凝土和砖修建而成，造价较高，但经久耐用，青贮质量好，青贮饲料利用率高，便于机械化装料与卸料。青贮塔的高度应不小于其直径的 2 倍，不大于直径的 3.5 倍，一般塔高 6 ～ 16 m，直径 3 ～ 6 m。在塔身一侧每隔 2 m 高开 1 个 0.6 m × 0.6 m 的窗口，装青贮饲料时关闭，青贮塔取空后敞开。

2. 青贮窖

青贮窖有地上式、地下式及半地下式 3 种。青贮窖造价低，结构简单，易推广。地下式青贮窖适合土质条件较好、地下水位较低的地区修建。半地下式青贮窖适合土质条件较差或地下水位较高的地区修建。青贮窖以修成圆形或长方形为好。窖壁、窖底用砖石砌成，用水泥砂浆抹面，壁面光滑，不透气，不漏水，坚固耐用。圆形窖宜做成上大下小，窖底呈锅底状圆弧，便于青贮饲料压密实。长方形青贮窖窖底应有一定坡度，以便发酵过程中水分的排出。一般圆形窖直径 2 ～ 3.5 m、深 3 ～ 4 m，直径与窖深之比以 1∶1.5 ～ 1∶2.0 为宜；长方形青贮窖宽 3 ～ 3.5 m、深 3 ～ 4 m，宽深之比以 1∶1.5 ～ 1∶2.0 为宜，长度可以根据家畜头数而定，一般为 30 ～ 40 m。

青贮窖

地上式青贮窖

3. 青贮袋

青贮袋是选用厚实的塑料膜特制而成的一种袋子，可以作为青贮设备制作青贮饲料。近年来，我国大力推广青贮饲料袋装的制作方法。为防止青贮袋穿孔破裂，宜选用较厚、较结实的青贮袋，可选用2层。青贮袋的大小可根据现场实际需求进行制作，如不需移动的可做得大些，如需移动，以装满后2人能抬动的重量为宜。青贮袋可放在畜舍内干燥防水的地方，要注意防鼠防虫。

裹包青贮

袋装青贮

三、青贮发酵过程

青贮的发酵过程可分为4个阶段，即有氧呼吸期、厌氧微生物竞争期、乳酸积累期和青贮相对稳定期。

1. 有氧呼吸期

新鲜青贮原料被粉碎并在青贮容器中压实密封后，其细胞并未立即死亡，前 1 ～ 3 d 仍可利用残存的空气进行呼吸作用，分解有机物质产生大量的热，同时伴随着营养物质的损失。

2. 厌氧微生物竞争期

随着氧气的耗尽，青贮进入厌氧发酵期，青贮的优势菌种由好氧微生物转变为厌氧微生物，且主要是乳酸菌和丁酸菌之间的竞争。丁酸菌不耐酸，如乳酸菌迅速繁殖，生成大量乳酸将 pH 值降低至 4.7 以下就可以抑制丁酸菌的生长。

3. 乳酸积累期

乳酸菌在青贮饲料中建立了优势菌群，将饲料中的可溶性糖分解成大量的乳酸，从而继续降低 pH 值。随着 pH 值的降低，大部分微生物均受到抑制，只剩下乳酸菌能继续繁殖。随着乳酸的进一步积累，当青贮饲料的 pH 值降低至 3.8 左右时，乳酸菌的生长繁殖亦受到抑制，进入相对稳定期。

4. 青贮相对稳定期

当乳酸菌停止生长繁殖时，青贮饲料的 pH 值达到极值。在此阶段，青贮饲料内各种微生物几乎不再活动，营养物质不会再损失，进入一段相对稳定的阶段。若密封条件良好，不漏气，制作好的青贮饲料可保存 2 ～ 3 年。

要制作优质的青贮饲料，就必须保证乳酸菌的快速生长繁殖。要保证乳酸菌的生长繁殖，那就需要创造适合乳酸菌生长繁殖的良好条件。适宜的含水量、厌氧环境、较低的饲料缓冲力及一定的含糖量，是适合乳酸菌生长繁殖的必要条件。

四、青贮的步骤和方法

1. 贮前准备

（1）确定青贮数量。主要通过以下 2 点确定青贮数量，一是养殖场青贮入窖数量，可根据养殖场全群饲喂青贮饲料的牛、羊数量计算全年青贮饲料需求量；二是青贮象草种植面积。

计算公式：$D=a\times b\times c$

式中：D——青贮象草年需求总量，单位为 kg；

a——成年家畜日需求量，单位为 kg/（头 · d）；

b——家畜数量，单位为头；

c——饲喂天数，单位为 d。

制作青贮过程中会出现能量损失。一般来说青贮象草制作量比需求量高 10% ～ 15%，原因是制作青贮象草过程中受细胞呼吸、微生物活动和植物汁液流失的影响会有 10% ～ 20% 的物质损失，这些损失是不可避免的。但是二次发酵、贮存期间的好氧变质、饲喂期间的好氧变质等损失是可以避免的（表 3–1）。

表 3–1　青贮饲料制作过程能量损失原因及范围

青贮过程	可避免与否	损失率（%）	损失原因
田间损失	不可避免	3 ～ 7	作物、气候、技术
残留呼吸	不可避免	1 ～ 2	植物酶
青贮发酵	不可避免	2 ～ 4	微生物
汁液渗透或萎蔫损失	不可避免	5 ～ 7 或 2 ～ 5	原料含水量、气候、管理技术、饲草种类
二次发酵	可预防	0 ～ 5	饲草青贮的适宜性、含水量、青贮设备、取用技术
贮存期间的好氧变质	可预防	0 ～ 10	填充时间和密度、封窖、青贮设备
饲喂期间的好氧变质	可预防	0 ～ 15	含水量、青贮熟化程度、季节、取用技术、环境温度

（资料来源：Zimmer，1980）

（2）人员分工。青贮前 10 d 成立青贮象草工作小组，落实青贮工作的负责人，对参与青贮的工作人员进行明确分工，统一部署协调象草青贮工作，根据天气、作业面积等制订青贮工作实施方案。

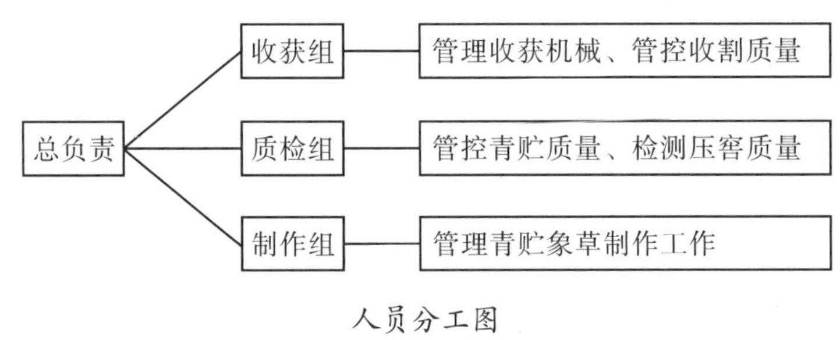

人员分工图

（3）机械准备。提前 7 d 确定机械设备及数量。需准备的机械设备有收割设备、运输设备、压窖设备和检测设备等。对所有的设备进行贮前检修保养及调试，以保证机械设备处于最佳的工作状态。

（4）材料准备。提前购买好数量充足、质量可靠的青贮添加剂、黑白塑料膜、裹包专用膜、青贮袋、青贮池压盖物等材料。

（5）青贮设备的清洗。检查青贮设备，破损的地方要及时修补。对青贮容器进行清洗，去除灰尘、泥土等杂物。清洗完毕后，可暴晒 3 d 消毒，或使用 2% 漂白粉消毒液或 5% 碘伏溶液进行消毒处理。

2. 青贮收获

（1）质量标准。决定青贮品质的根本因素在于原料质量，制作好优质青贮象草的前提是将原材料质量把控好。青贮象草原料指标主要包括干物质、粗蛋白质、粗纤维、中性洗涤纤维、酸性洗涤纤维等。

（2）对天气要求。制作青贮时，不能是雨天，晴天最佳。最低要求 7 d 内无降水。

（3）最佳收割期。用于饲喂牛、羊等大型动物，青贮象草的最佳刈割高度是 1.5 ～ 2.0 m。收获过早，象草水分含量高、产草量低、粗纤维含量不足；收获过晚，象草营养价值低，木质化程度高。饲喂兔、鹅、草鱼等小型动物，最佳的刈割高度为 0.6 ～ 1.2 m。

适时收割象草

（4）水分检测。

①手工检测。抓一把青贮象草，抓拳用力握紧，如有水从手中滴出，则青贮象草水分含量大于 80%；如指缝有水渗出，手松开后，青贮象草成球团状，则水分含量为 75% 左右；如松开手后，青贮象草球团状慢慢膨胀散开，手上无水分残留，则水分含量为 65% ～ 75%；当手松开后青贮象草球团状迅速散开，则水分含量在 65% 以下。

②微波炉检测。准确称量容器重量（*C*）并记录，称量样品 100 ～ 300 g（*W*），将样品放置在称量容器内，样品量越大，检测越准确；在微波炉内，用杯子另放置约 200 mL 水吸收额外的热量；将微波炉火力调到最大档的 80% ～ 90%，设置工作时间为 5 min。加热完成后再次称重，记录重量；重复以上操作步骤，直到两次之间的称量重量相差在 5 g 以内。把微波炉火力调到工作火力的 30% ～ 40%，设置工作时间为 1 min。加热完成后再次称量并记录重量，重复上一步操作步骤，直到两次之间的称量重量相差在 0.1 g 以内，所得干燥样品即为干物质重量（*WD*）。

计算干物质：$DM\%=[(WD-C)/(W-C)]\times 100$

3. 青贮的制作步骤

制作青贮饲料是一项突击性较强的工作。为保证青贮饲料的质量，必须组织足够多的人力、物力，才能在尽可能短的时间内完成青贮饲料的制作。青贮饲料的操作步骤很多，但概括起来就是 4 个字“六随三须”，即随时收获，随时运输，随时切短，随时装填，随时压实，随时密闭，连续不停进行，一次做好；原材料须切短，装填须压实，池顶须封严。调制出优质青贮饲料的基础在于优质的青贮原料。适时收割，不但可以获得最大的营养物质产量，而且可溶性碳水化合物及水分含量较适宜，有助于乳酸菌发酵，调制成优质的青贮饲料。收割的时候尽量赶早，随收随贮。象草用来饲喂牛、羊等大型牲畜，刈割高度为 1.5 ～ 2.0 m；用来饲喂鹅、猪等，刈割高度为 1.0 m 左右。留茬高度应小于 10 cm，最佳留茬高度为 3 ～ 5 cm。留茬过高会增加象草木质素及粗灰分的含量，从而影响牲畜对青贮象草的消化吸收，造成青贮象草消化率过低；留茬过低不但会加大青贮象草根部的泥土被带入青贮窖中的概率，造成梭菌发酵产生丁酸，影响发酵品质，还会增加青贮饲料中硝酸盐含量。

（1）切短。为保证反刍动物的反刍功能，切短象草时必须保证一定的切割长度。青贮象草的切割长度一般为牛用饲料 4 ～ 5 cm、羊用饲料 2 ～ 3 cm。少量青贮原料的切短可用铡草刀或人工铡草机，大规模的青贮需用青贮饲料铡草机。青贮饲料铡草机根据机型的大小不同每小时的产量也不同，最高每小时可切割 15 ～ 20 t，小型铡草机每小时可切割 500 ～ 1000 kg。若具备良好的条件，可以使用青贮联合收获机，在田间一次性完成收割、切短等作业，然后将原料直接装入青贮窖内压实密封，大大提高效率，降低制作青贮的成本。

切短处理

揉搓处理

（2）装填压实。制作青贮前 7 d 清理检修青贮设备，青贮前 1 ～ 2 d 将青贮设备清扫干净并消毒。窖底部可满铺一层 10 ～ 20 cm 厚切短的干稻草，用来吸收青贮产生的液汁，保留营养成分。若青贮设备为土窖等密封不好的设备，可在四周先铺上一层塑料薄膜。装填青贮饲料时应逐层装入，旋即压实，每层装填厚度不应超过 25 cm。在装填至角落和靠壁时应特别留意，这些地方比较难压实。压实的程度要直至青贮饲料弹力消失为止，如此边装边压实，以装至高出窖顶 50 cm 左右为宜。当采用长方形窖或直接地上堆贮时，可用轮式或胶链拖拉机进行碾压。小型窖可用人力反复踩踏多次进行踩实。充分压实青贮饲料是成功制作优质青贮饲料的保证（表 3–2）。

装填压实

表 3-2 象草压窖密度

干物质（%）	鲜重密度（kg/m³）	干物质密度（kg/m³）
20	725	145
21	714	150
22	704	155
23	695	160
24	687	165
25	680	170
26	673	175
27	667	180
28	661	185
29	655	190
30	650	195
31	645	200
32	640	205
33	636	210
34	632	215
35	628	220

（摘自《青贮制作与秸秆加工》）

（3）密封。密封是调制优质青贮饲料的一个技术关键点。青贮设备密闭不佳时，青贮饲料会进入空气或水分，从而为腐败菌、霉菌创造出有利于它们繁殖的温床，使青贮饲料腐烂霉变。装填满后，将顶面的青贮饲料做成馒头形，在上面盖一层厚约 20 cm 的切短的秸秆，然后再铺一层塑料薄膜，这样有利于排水。最后用土覆盖拍实或用汽车轮胎压实。青贮窖密封后，可在距离窖壁四周约 1 m 处挖排水沟以防雨水渗入。一般封窖后 1 周之内青贮饲料会有 10% 左右的沉降，如沉降过大，说明青贮饲料压实度不够。青贮制作好后应经常检查青贮设备是否破损，如有破损应立即封闭。青贮窖顶下沉产生裂缝时，应立即覆盖封闭，防止空气和雨水渗入。

五、青贮饲料的质量

适当的青贮原料类型、合适的刈割时期及正确的调制方法是制作品质好的青贮饲料的关键。要想获得较好的饲喂效果，优质的青贮饲料是关键。在取用青贮饲料之前，需先对饲料进行感官评定，必要时可以对饲料进行化学分析，以确保饲喂家畜的青贮饲料的质量。

1. 感官评定

开启青贮饲料时，首先要从青贮饲料的颜色、气味和结构质地进行感官评定（表 3-3）。

表 3-3　青贮饲料感官评价指标

等级	颜色	气味	结构质地
优质	绿色、黄绿色或原色	芳香味、轻微酸味	茎叶明显，结构良好
良好	黄褐色或暗绿色	刺鼻酸味	茎叶部分保持原状
差	黑色或黑褐色	腐臭味或霉味	腐烂，污泥状

（1）色泽评定。优质的青贮饲料非常接近于作物的原色。若青贮前饲料为绿色，青贮后仍能保持绿色或黄绿色效果最佳，说明青贮过程较好。引起青贮饲料色泽变化的主要原因是青贮原料在发酵过程中会产热，发酵过程中温度越低，青贮饲料就越能保持作物原先的颜色。一般来说，当禾本科饲草发酵温度高于 30℃时，会变成深黄色；当温度为 45 ～ 60℃时，会变成棕褐色；发酵温度超过 60℃时，几乎变为黑色。

青贮后饲料保持绿色或黄绿色效果最佳

（2）气味评定。品质优良的青贮饲料具有轻微的酸味和芳香味。酸味较浓或有刺鼻酸味的品质次之。有臭味、霉味或腐烂腐败的为劣等饲料，不可饲喂家畜。总之，喜闻者为优，而刺鼻者为良，臭而难闻者为差。

（3）质地评定。优质的青贮饲料的植物茎叶等结构应明显且能分辨清楚，如果结构被破坏且呈黏滑状态则代表饲料开始腐败，说明本次青贮制作效果不佳。优质的青贮饲料，虽然在窖内被压得非常紧实，但当用手拿起时非常松散柔软，不粘手，略湿润，各结构质地能保持原状，很容易就分离开。总之，品质优良的青贮饲料茎叶结构能保持原状，柔软略粘手；品质较差的青贮饲料会结成一团，质地结构无法分清且腐烂粘手。

2. 检测评定

pH 值、氨态氮和有机酸是判定青贮饲料发酵情况的 3 个重要指标（表 3–4），可以用化学分析测定方法来检测这 3 类指标。

（1）pH 值检测。青贮饲料的 pH 值是评定青贮饲料品质优劣的一个重要指标。pH 值在 4.2 以下是优质的青贮饲料，如果 pH 值在 4.2 以上（低水分青贮除外）则说明在青贮的制作过程中，腐败菌等活动较为强烈，影响了乳酸菌的繁殖。品质较差的青贮饲料 pH 值为 5.0 ～ 6.0。

（2）氨态氮检测。氨态氮与总氮的比值反映青贮饲料中蛋白质及氨基酸的分解程度，两者的比值越大，说明蛋白质和氨基酸分解越多，青贮质量越差。氨态氮占总氮的 1/10 以下时，说明青贮饲料的制作效果较好。

（3）有机酸含量检测。有机酸总量及其组成可以体现青贮发酵的好坏，其中又属乳酸和乙酸最为重要，乳酸在有机酸中所占比重越大越好。优质的青贮饲料，含有大量的乳酸，少量的醋酸，基本不含有丁酸。品质差的青贮饲料，含有较多的丁酸，反而乳酸含量少。

表 3–4　青贮发酵指标检测

项目		等级		
		优	良	差
含水量低于 65% 青贮饲料的 pH 值		＜ 4.8	＜ 5.2	＞ 5.2
含水量高于 65% 青贮饲料的 pH 值		＜ 4.2	＜ 4.5	＞ 4.5
乳酸（DM %）		3 ～ 14	易变的	易变的
丁酸（DM %）		＜ 0.1	0.1 ～ 0.5	＞ 0.5
占有机酸总量的比例（%）	乳酸	＞ 60	40 ～ 60	＜ 40
	乙酸	＜ 25	25 ～ 40	＞ 40
	丁酸	＜ 5	5 ～ 10	＞ 10
氨态氮（总氮百分比）		＜ 10	10 ～ 16	＞ 16
酸性洗涤不溶氮（总氮百分比）		＜ 15	15 ～ 30	＞ 30

（摘自《玉米青贮操作实务》）

六、青贮饲料的利用

1. 取用技术

一般象草经过 30 d 即可发酵好，此时青贮象草进入稳定阶段。开窖取用时，如果发现表层青贮饲料呈黑褐色并伴有腐败臭味，说明此部分青贮饲料为劣等饲料，不能用来饲喂家畜，应把表层弃掉。如果是直径小的圆形窖，应由上至下逐层使用。对于长方形窖，应从一头开始分段取用，不要固定在一个位置挖窝掏取，每次的取料深度应不低于 30 cm，取料后保持截面平整，取用完毕后应立即覆盖，尽量减少青贮饲料与空气的接触，以减少二次发酵。每次饲喂多少取多少，不能为了方便而一次性取大量青贮饲料堆放在畜舍内慢慢饲喂。青贮饲料只有保存在厌氧环境下，才能一直保持良好品质，如果将大量的青贮饲料堆放在栏舍里和空气接触，青贮饲料会很快发霉变质。尤其是夏季，正是适合各种细菌繁殖的季节，青贮饲料最易发生霉变。

开窖取样

2. 饲喂技术

青贮象草是草食家畜牛、羊等优质的粗饲料来源，一般饲喂量占饲粮干物质的 50% 以下。初次饲喂青贮饲料时饲喂量应由少到多，以减少家畜不适应的情况。当家畜逐渐适应后即可按正常量饲喂。饲喂青贮饲料后，应继续补喂精料和干草，以保证家畜的营养摄入。训练家畜采食青贮饲料的方法主要有 4 种：先在家畜空腹状态下饲喂青贮饲料，待家畜采食完成后再饲喂其他草料；先将青贮饲料拌入精料中混匀饲喂，再补喂其他草料；先少量饲喂然后逐渐增加饲喂量；或将青贮饲料与其他草料直接拌在一起混匀后饲喂。由于青贮饲料中含有大量的有机酸成分，具有轻泻作用，母畜妊娠后期应减少青贮饲料的饲喂量，产前 15 d 停止饲喂青贮饲料。劣质的青贮饲料中含有霉菌等有害微生物，食用后对畜体有害，易造成流产等问题，所以不能饲喂劣质的青贮饲料。冰冻的青贮饲料较容易引起母畜流产，需等解冻后再用来饲喂。

3. 青贮饲料饲喂量参考

按不同的家畜种类和青贮饲料的品质来确定青贮饲料的饲喂量。品质好的青贮饲料可以多喂，品质不好的要少喂，不能用青贮饲料替代所有的饲料。成年牛每 100 kg 体重日喂量：泌乳牛 5 ～ 7 kg，育肥牛 4 ～ 5 kg，役牛 4 ～ 4.5 kg，种公牛 1.5 ～ 2 kg。绵羊每 100 kg 体重日喂量：成年羊 4 ～ 5 kg，羔羊 0.4 ～ 0.6 kg。奶山羊每 100 kg 体重日喂量：泌乳羊 1.5 ～ 3 kg，青年母羊 1 ～ 1.5 kg，公羊为 1 ～ 1.5 kg。马的日喂量：役马每匹可喂 12 ～ 15 kg，种母马和 1 岁以上的幼驹可喂 6 ～ 10 kg。

第二节　象草的微贮调制技术

一、微贮饲料的概念

微贮饲料是将秸秆、饲草等饲料作物经机械设备揉搓粉碎，然后与有益微生物混合密闭，经微生物发酵制成的一种适口性好、气味酸香、利用率高、易吸收的粗饲料。微贮饲料可以较完整地保留饲草料原有的营养价值。在避光、防鼠等合适的保存条件下，只要不开启发酵好的微贮饲料，可长时间保存。与青贮饲料相比较来看，微贮饲料是定向发酵，青贮饲料是自然发酵。

二、微贮饲料的特点

（1）改善饲料的适口性：可提高采食速度约 30%，增加采食量约 20%。

（2）提高消化率：提高干物质消化率 25% ～ 60%，提高乳脂率约 8%。

（3）提高饲料营养价值：降低纤维素含量 10% 以上，提高粗蛋白质含量 5% ～ 8%。

（4）提高牲畜的免疫力：可以抑制志贺氏菌、大肠杆菌等多种致病菌的生长。

（5）减少药物残留：减少牲畜机体药物残留，提高畜产品品质。

（6）改善畜禽养殖环境，净化空气：减少栏舍氨气、甲烷等有害气体排放量 75% 以上，降低养殖过程中产生的恶臭气味。同时改善了周边的环境卫生，解决了秸秆焚烧、气味恶臭所导致的一系列问题。

三、微贮象草饲料的制作方法

1. 菌种复活

以秸秆发酵活秆菌为例，不同发酵菌剂按说明书进行操作。秸秆发酵活秆菌每袋 3 g，可处理青象草 2 t。在处理象草前，先将菌种倒入 200 mL 水中充分溶解，然后在常温下放 1 ～ 2 h，使菌种复活。复活好的菌种一定要当天用完，不可隔夜使用。

2. 菌液的配制

将复活好的菌剂倒入充分溶解的 0.8% ～ 1.0% 食盐水中拌匀，食盐水和菌液的量见表 3–5。

表 3–5　菌液配制表

饲草种类	饲草重量（kg）	发酵活秆菌用量（g）	食盐用量（kg）	水用量（L）	贮料含水量（%）
青象草	1000	1.5	适量	适量	60 ～ 70

（资料来源：方白玉等，《食用菌》，2007）

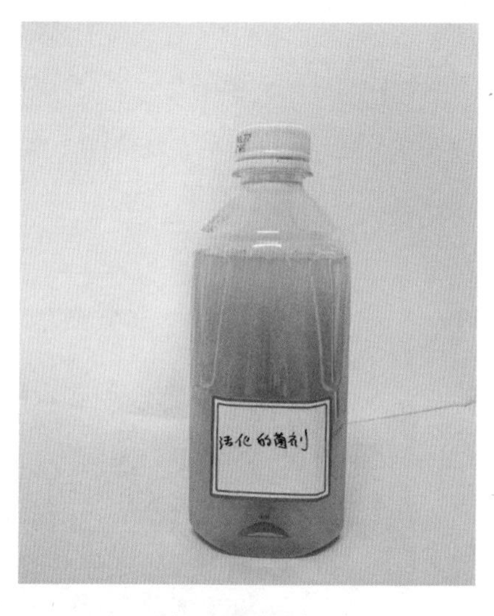

复活好的菌剂

稀释好的菌剂

3. 象草原料处理

切短可以保证微贮饲料制作的质量，提高压实效果和窖（池）的利用率。一般羊用饲料切短至 2 ～ 3 cm，牛用饲料切短至 3 ～ 5 cm。

铡草机切短象草

切好的象草

切碎成 2 cm 长的象草，适合羊采食

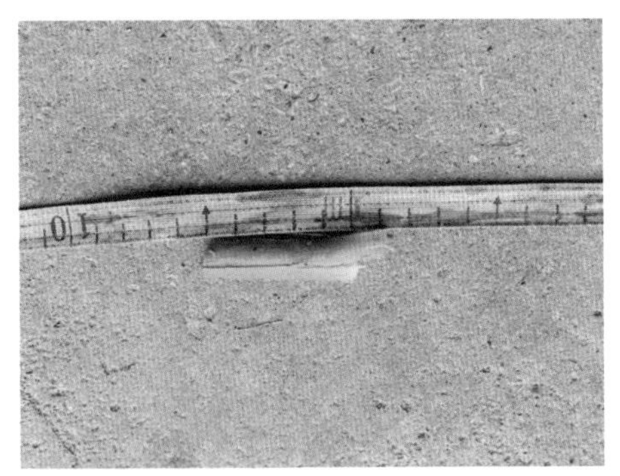

切碎成 5 cm 长的象草，适合牛采食

4. 装窖或装袋

（1）装窖步骤。首先可先在窖底铺放厚 20 cm 左右的干碎稻草以吸收微贮产生的汁水，然后铺放 50 cm 厚的象草，再用喷雾器均匀喷洒菌液，压实，再铺放 50 cm 厚象草，喷洒菌液，压实，如此反复，直到高于窖口 40 cm 再封口。分层压实的目的是为了排出象草中和空隙中的空气，给发酵菌繁殖制造厌氧条件。如果窖当天没装满，可以先盖上塑料薄膜，第二天揭开塑料薄膜继续装窖。此

喷洒菌液

法适用于大量窖贮处理，其缺点是菌剂喷洒不均匀。

采用机械将微贮原料压实

（2）装袋步骤。首先将切碎的象草倒入搅拌机中，搅拌均匀后通过输送带送入压包机，输送的同时喷洒菌液。然后将微贮袋准备好，等压包机将象草压密实后，先将微贮内袋套在压包机的出料口，再套上外编织袋，按下出料开关。当出料完成后，将装好料的微贮袋直立于地面。

压包机装袋：套第一层内袋

压包机装袋：套第二层外编织袋

5. 封窖或封袋

（1）封窖。在象草分层压实直到高出窖口 40 cm 后，在上面均匀洒上一层食盐，充分压实并盖上塑料薄膜。食盐用量为 250 g/m^2，其目的是确保微贮饲料上部不发生霉烂变质。然后在塑料薄膜上面用轮胎压紧或覆土 15 ～ 20 cm 厚密封。

压实好的微贮窖

利用水压顶，隔绝空气

（2）封袋。装好料的微贮袋应及时密封。将袋口收紧，尽量排出空气。然后使用绳子绑扎密封，绑扎应牢固、紧实。

收紧袋口，排除空气

将制作好的饲料摆放整齐

6. 水分调节控制

微贮饲料的水分含量是决定微贮饲料制作成败的重要条件之一。因此，在喷洒和压实过程中要随时检查秸秆水分含量是否合适，各处水分是否均匀，要注意层与层之间水分衔接，不得有干层。微贮饲料含水量以 60% ～ 70% 最为理想。

7. 取用

微贮象草饲料完成发酵一般需 30 d 左右。完成发酵的象草饲料即可开窖（袋）使用。

四、微贮象草饲料的感官评定

可根据微贮象草饲料的外部特征，用感观对微贮饲料的发酵质量进行品质鉴定。摸：优质的微贮象草饲料质地松散柔软，略湿润，不粘手。粘手或粘连成团，以及虽松散但干燥粗硬，均是不良饲料。看：优质微贮象草饲料色泽呈绿色或黄绿色，若呈褐色、墨绿色或黑色则说明发酵质量较差。嗅：优质微贮象草饲料具有醇香和清香气味，并略微带有弱酸味。若酸味较重，则表明醋酸过多，这是象草水分含量过多和发酵时产生高温造成的。若微贮象草饲料含有腐败、发霉气味则不能用来饲喂牲畜。

五、取用的注意事项

（1）一般需要发酵 30 d 左右才能取喂。

（2）取料时要从一端开始，从上往下逐层取用。每次取用量应以当天能够喂完为宜。取料完毕后要用塑料薄膜将开口封严，以免水浸入或二次发酵引起饲料变质。

饲喂牛

（3）每次投喂时要求槽内干净。冬天饲喂时，冻结的微贮象草饲料应化开后再用。

（4）霉变的象草不宜用来做微贮饲料。

（5）由于在制作微贮象草饲料时加入了食盐，这部分食盐量应在饲喂牲畜的口粮中扣除。

六、微贮象草饲料机械化生产流程

（1）抓草机抓取收割回来的象草，将其投入切碎机中切碎。

象草投入切碎机切碎

（2）切碎后的象草，通过传送带输送至指定的位置。

象草通过传送带输送

（3）将切碎的象草投入搅拌机，混合草料和菌剂。

混合草料和菌剂

（4）混合好的象草通过输送带输送至压包机，压好、包好后装袋发酵。

装袋发酵

（5）将制作好的微贮象草饲料摆放整齐。

微贮象草饲料摆放整齐

七、象草加工效果分析（以桂闽引象草为例）

将桂闽引象草切短成 2 ～ 3 cm 进行微贮发酵，与桂闽引象草鲜草相比，可以降低象草中的粗纤维含量，提高粗蛋白质含量，消化吸收利用效果更好。

通常情况下，粗饲料中的粗蛋白质含量越高，意味着粗饲料的营养价值水平越高，可以为牛、羊等提供较丰富的粗蛋白质，提高其生长性能，产生较好的经济效益。从试验结果看，添加菌剂处理的微贮桂闽引象草粗蛋白质含量为 9.91%，与桂闽引象草鲜草相比高 0.78%，说明添加菌剂对桂闽引象草进行微贮发酵后，提高了桂闽引象草的粗蛋白质含量，提升了其营养价值水平。大量的粗纤维会影响反刍动物对饲料的消化吸收，但是一定量的粗纤维可以加强反刍动物的消化吸收能力，同时还能促进反刍动物唾液的分泌，促进反刍，维持其瘤胃健康的 pH 值，有利于消化粗纤维。从试验结果看，微贮桂闽引象草的粗纤维含量为 27.1%，与桂闽引象草鲜草相比低 6.2%，说明微贮发酵桂闽引象草可以一定程度上降低其粗纤维水平，同时能保证牛、羊的正常反刍，促进牛、羊对粗饲料的消化吸收。中性洗涤纤维和酸性洗涤纤维对反刍动物的消化吸收能力也会产生较大的影响。

中性洗涤纤维的含量对反刍动物的采食量及饲料的利用率有明显的影响，但一定量的中性洗涤纤维能促进反刍，对维持正常的瘤胃功能具有重要的意义。粗饲料中最难利用的部分是酸性洗涤纤维，其含量对粗饲料的质量水平会产生较大的影响。所以，中性洗涤纤维和酸性洗涤纤维含量越低，粗饲料的质量水平就越高。从试验结果看，微贮桂闽引象草中性洗涤纤维含量为43.4%，与桂闽引象草鲜草相比低18.58%；酸性洗涤纤维含量为28.58%，与桂闽引象草鲜草相比低11.34%。说明微贮可以降低桂闽引象草中的中性洗涤纤维和酸性洗涤纤维含量，提升粗饲料质量水平（表3-6）。

表3-6　不同加工处理方式下的桂闽引象草营养价值分析（单位：%）

项目	干物质	粗蛋白质	粗纤维	中性洗涤纤维	酸性洗涤纤维
桂闽引象草（鲜草）	12.89	9.13	33.30	61.98	39.92
桂闽引象草（青贮）	19.36	8.51	22.40	38.22	25.48
桂闽引象草（微贮）	18.01	9.91	27.10	43.40	28.58

由此可见，微贮可以明显地提高桂闽引象草的粗蛋白质含量，降低其粗纤维、中性洗涤纤维和酸性洗涤纤维含量，改善其营养价值成分。综上所述，通过微贮技术能将桂闽引象草调制成一种较优质的粗饲料。

【参考文献】

[1] 阿合尼亚孜·买合木提．青贮饲料品质鉴定技术[J]．中国畜禽种业，2014，10(6)：68-69.

[2] 郭旭生，丁武蓉，玉柱．青贮饲料发酵品质评定体系及其新进展[J]．中国草地学报，2008(4)：100-106.

[3] 王杰，张养东，郑楠，等．青贮饲料感官评定研究进展[J]．中国奶牛，2019(1)：1-3.

[4] 吴秋珏，徐廷生．饲粮中中性洗涤纤维的研究进展[J]．饲料工业，2006(7)：14-16.

[5] 张养东，杨军香，王宗伟，等．青贮饲料理化品质评定研究进展[J]．中国畜牧杂志，2016，52(12)：37-42.

第四章　象草饲用价值及在动物生产中的应用技术

第一节　象草饲用价值评定

象草生物产量高，营养品质好，每公顷可产鲜草 225 ～ 450 t，比其他禾本科饲草如墨西哥玉米、高丹草、苏丹草、甜高粱、青贮玉米等高 35% 以上。象草营养品质优，平均粗蛋白质含量为 8% 左右。但由于品种、生长期和刈割季节不同，其品质差异较大，优质品种在最佳刈割期粗蛋白质含量可达 15%，一般品种也有 5% ～ 6%。

一、通过常规营养物质检测评定象草营养价值

象草在幼嫩时（株高为 1.4 m 左右）刈割营养品质较优，粗蛋白质含量可达 15%，但其粗纤维含量较低，仅为 25.08%，干物质含量为 14.57%，营养物质含量几乎可与苜蓿干草、全株玉米、花生藤、桑枝媲美，优于青干草粉、玉米秸粉、稻秆等秸秆类、甘蔗尾叶及米糠等饲料资源，与低纤维含量的木薯渣、啤酒渣、豆腐渣等料渣进行合理搭配饲喂动物可提高养殖效益（表 4–1）。富含钾、钙、钠、镁、磷等多种微量元素，而且叶量丰富，紫色象草株高为 2 m 左右时干草中叶量比重占到 46.08%。象草茎叶柔软、无毛，广泛运用于饲喂牛、羊、马、兔、猪、鸡、鱼、鹅、竹鼠等动物，是动物尤其是草食动物非常喜食的一种优质饲草。桂闽引象草更是富含糖分，略带甜味，适口性好，消化率比较高。在饲养成本居高不下的现代养殖业中，种植象草是降低饲料成本的较佳选择。

表 4–1　常见饲料营养成分比较（单位：%）

饲料名称	干物质	粗蛋白质	粗纤维	中性洗涤纤维	酸性洗涤纤维	钙	磷	干物质消化率
象草	89.40	8.40	36.70	59.50	35.50	0.27	0.38	—
全株玉米	36.30	7.60	25.50	37.10	21.10	0.41	0.41	68.99
玉米秸粉	88.80	5.30	33.40	69.90	44.60	0.67	0.23	—
苜蓿干草	91.00	18.00	21.50	—	—	1.33	0.29	—
青干草粉	90.60	8.90	33.70	—	—	0.54	0.25	—
米糠	91.10	7.60	34.10	60.80	51.90	0.17	0.47	—

续表

饲料名称	干物质	粗蛋白质	粗纤维	中性洗涤纤维	酸性洗涤纤维	钙	磷	干物质消化率
稻秆	90.70	3.50	31.40	75.30	45.70	0.09	0.16	—
花生藤	90.00	10.90	29.00	45.60	41.40	2.80	0.10	—
甘蔗尾叶	87.50	6.90	35.00	74.70	38.10	0.28	0.27	—
桑枝	90.90	8.43	21.30	43.50	28.50	0.83	0.15	—
木薯渣	89.00	2.70	21.60	45.40	35.10	0.09	0.05	—
啤酒渣	13.60	3.60	2.30	—	—	0.06	0.08	—
豆腐渣	15.00	3.90	2.80	—	—	0.02	0.04	—
罗汉果渣	89.50	8.90	22.50	88.40	73.20	0.25	0.22	—
棕榈粕	—	—	—	—	—	—	—	—

（引自王启芝等，《粮食与饲料工业》，2018）

二、通过体外模拟瘤胃发酵法评定象草营养价值

体外模拟瘤胃发酵法与体内瘤胃发酵高度相关，能快速、高效地评估各种饲料的营养价值，对合理利用饲料资源和优化反刍动物日粮有重要作用。俞文靓等（2019）选用甘蔗尾、桂闽引象草、紫色象草、构树、玉米秸秆、鲜豆腐渣、菠萝皮、啤酒渣和罗汉果渣等 9 种亚热带常用反刍动物饲料模拟山羊瘤胃体外发酵 48 h。结果表明，几种料渣中，总产气量、甲烷产气量、干物质降解率及挥发性脂肪酸浓度由高到低依次是鲜豆腐渣、菠萝皮、鲜啤酒渣、罗汉果渣，鲜豆腐渣的总产气量和干物质降解率分别为 279 mL/g、61.05%；几种草料中，构树的总产气量、干物质降解率最高，甘蔗尾的最低，甘蔗尾的总产气量和干物质降解率分别为 203 mL/g、36.85%；而紫色象草和桂闽引象草的总产气量分别为 209 mL/g、234 mL/g，干物质降解率分别为 35.99%、39.25%（表 4–2）。可见，从体外总产气量、干物质降解率及挥发性脂肪酸等方面综合考虑，象草在几种常用反刍动物饲料中处于中等水平，可作为反刍动物的优质饲料加以开发利用。

表 4–2　几种常用反刍动物饲料的体外发酵性能比较

项目	48 h 总产气量（mL/g）	干物质降解率（%）	挥发性脂肪酸（mmol/L）
甘蔗尾	203	36.85	97.88

续表

项目	48 h 总产气量（mL/g）	干物质降解率（%）	挥发性脂肪酸（mmol/L）
紫色象草	209	35.99	102.48
桂闽引象草	234	39.25	113.94
构树	265	54.78	134.44
玉米秸秆	248	39.76	119.75
菠萝皮	228	48.92	139.08
鲜豆腐渣	279	61.05	156.27
鲜啤酒渣	183	36.48	90.24
罗汉果渣	72	9.86	49.27

（引自俞文靓等，《中国畜牧兽医》，2019）

杨鹰白等（2019）利用体外产气法模拟动物体外消化代谢试验，对桂牧 1 号杂交象草、王草、桂闽引象草、矮象草、紫色象草、巨菌草等 6 个饲草品种进行产气分析，获得相应产气变化规律。结果表明，桂牧 1 号杂交象草 96 h 产气量最高，但在 24 h 内，其产气量与其他饲草相比差异不显著，甚至明显低于王草，说明桂牧 1 号杂交象草前期消化率较低。而反刍动物对饲草的消化利用高峰是 24 h 以内，未来得及消化的营养物质会形成粪便排出体外。6 个饲草品种在瘤胃中 12 h 内消化均有受阻现象，主要表现为产气量偏低，粗纤维和部分氨基酸降解率受阻，这可能是它们在反刍动物中饲喂效果不理想的原因。

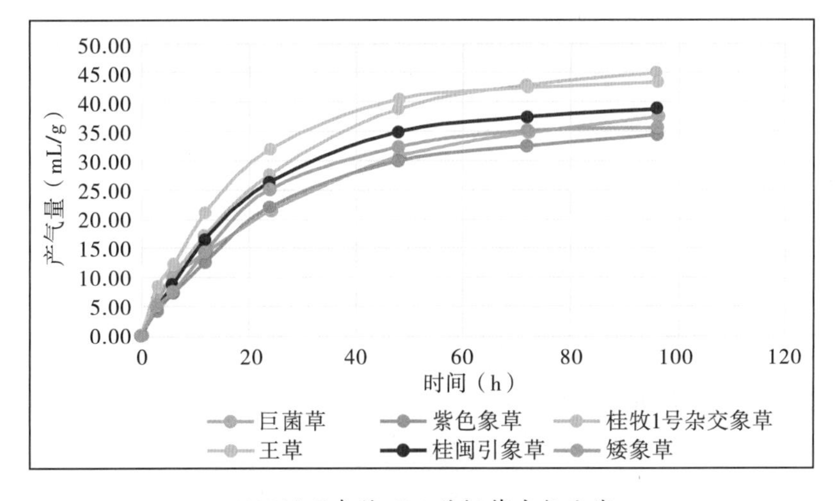

65℃烘干条件下 6 种饲草产气曲线

不同瘤胃液环境对象草体外产气量也有较大的影响。以桂牧 1 号杂交象草为例，经过体外培养 48 h，在奶牛瘤胃液中产气量最高为 21.25 mL/0.2 g；在山羊瘤胃液Ⅰ（已饲喂象草 1 周）中的产气量为 28 mL/0.2 g，高于在山羊瘤胃液Ⅱ（刚开始饲喂象草）中的产气量。这表明物种不同，对象草的消化利用率有差别；山羊（同一品种）在饲喂象草一段时间后，瘤胃液内形成了利于象草消化的因素。桂牧 1 号杂交象草在不同瘤胃液中 0 ～ 18 h 实际产气量低于理论产气量，表明其在 0 ～ 18 h 存在消化受阻的现象。山羊瘤胃液Ⅰ理论产气量高于山羊瘤胃液Ⅱ理论产气量，证明饲喂象草 1 周有利于提高消化率。象草在奶牛瘤胃液中产气量最低，说明山羊对象草的利用较奶牛要好。

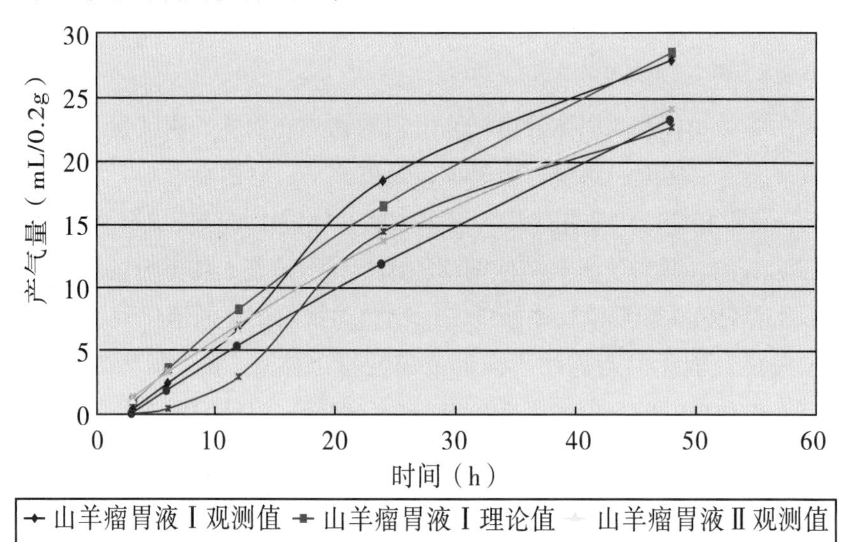

桂牧 1 号杂交象草在山羊或奶牛瘤胃液中的产气量曲线对比图

张吉鹍等（2009）通过体外发酵法，对串叶松香草、桂牧 1 号杂交象草、矮象草、黑麦草、墨西哥玉米与鸭茅进行粗饲料纤维品质的综合评定。结果显示，可发酵纤维指数（FFI）排序为黑麦草（6.10）＞墨西哥玉米（5.43）＞串叶松香草（5.41）＞桂牧 1 号杂交象草（5.40）＞矮象草（5.02）＞鸭茅（4.99）。FFI 以饲料中中性洗涤纤维 48 h 消化率为基础，将纤维中可利用部分与不可利用部分通过比例关系结合起来一并考虑，能较客观地反映纤维的品质。可见，象草的纤维品质较优，可发酵纤维指数与墨西哥玉米和串叶松香草的相当，被动物较好地消化利用的潜力非常大。

邓素媛等（2021）通过体外产气法，分析比较了不同原花青素含量的6种饲草作为粗饲料于山羊瘤胃中的降解能力，阐述了高原花青素含量对山羊的饲喂价值。试验首先测定了桂闽引象草、桂牧1号杂交象草、王草、紫色象草、矮象草、巨菌草等6种饲草的鲜草原花青素含量（表4-3），并分别在65℃、105℃条件下进行烘干粉碎，测定96 h内体外产气量以及产气速率。结果显示，6种饲草中紫色象草的原花青素含量最高，为26.6 mg/100 g，是其他品种饲草原花青素含量的3～4倍。各品种饲草在65℃烘干比在105℃烘干具有更高的产气量和产气速率，前者各品种饲草96 h平均总产气量为38.51 mL，后者平均总产气量为35.47 mL。两种烘干温度条件下，紫色象草的产气量和产气速率在各品种饲草中均居于中间水平，24 h内产气速率最高，48 h后产气速率降低到0.12 mL/h以下。

表4-3　各品种饲草原花青素含量

品种	王草	桂牧1号杂交象草	桂闽引象草	紫色象草	矮象草	巨菌草
原花青素（mg/100 g）	4.79	5.58	6.74	26.6	9.08	4.26

（引自邓素媛等，《饲料研究》，2021）

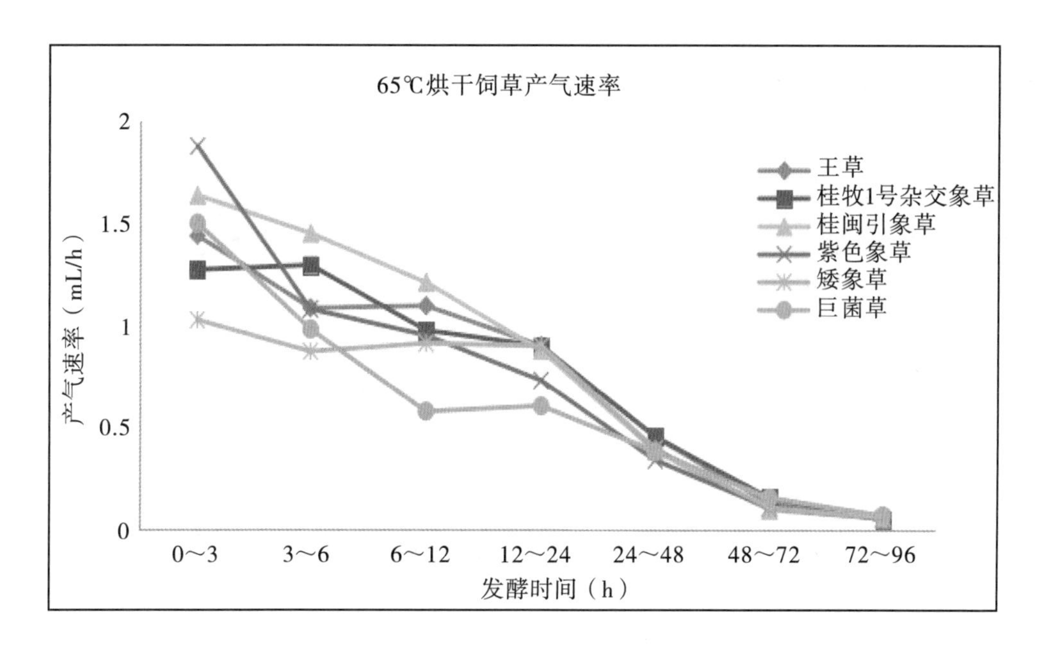

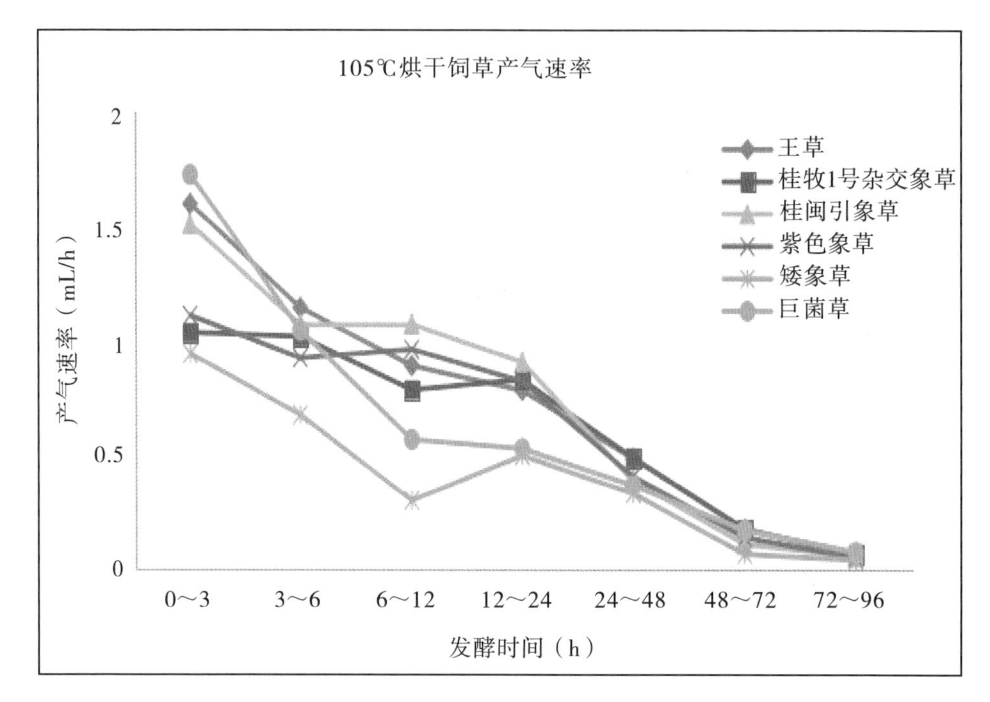

6 个饲草品种在 65℃、105℃条件下烘干的产气速率

（引自邓素媛等，《饲料研究》，2021）

原花青素是广泛存在于植物中的一类黄酮类的多酚化合物，是水溶性的天然色素，占葡萄提取物的 85%。研究表明，原花青素应用于人身上，具有抗肿瘤作用，并能拮抗化疗药物对正常细胞的毒性，具有较好的防癌抗癌功效；原花青素会抑制大豆蛋白质的消化效果，但是也能降低大豆蛋白食用致敏性，具有抗氧化作用，能够直接清除过氧自由基。添加到饲草中，能够有效完善瘤胃发酵形式，增强瘤胃微生物体系，对中性、酸性洗涤纤维以及钙、磷的消化利用没有影响，但是能促进瘤胃非蛋白氮的转化利用，提高过瘤胃蛋白的含量，从而提高饲料消化利用率，减少动物的氧化应激反应，增强动物机体免疫力，有利于动物生长。试验中紫色象草的原花青素含量与产气量和产气速率均没有显著相关性（表 4-4），说明紫色象草可较好地被反刍动物消化利用，且由于富含原花青素，有利于动物机体免疫能力的增强，促进动物生长，可作为山羊等反刍动物优质的粗饲料资源加以开发利用。

表 4-4　紫色象草产气速率与原花青素含量的相关性分析

65℃		0～3 h	3～6 h	6～12 h	12～24 h	24～48 h	48～72 h	72～96 h
原花青素	相关性	0.595	–0.143	0.054	–0.244	–0.708	–0.462	–0.144
	显著性	0.213	0.786	0.919	0.641	0.116	0.356	0.785
105℃		0～3 h	3～6 h	6～12 h	12～24 h	24～48 h	48～72 h	72～96 h
原花青素	相关性	–0.445	–0.332	0.254	0.222	–0.152	–0.194	–0.511
	显著性	0.377	0.521	0.628	0.673	0.773	0.713	0.300

（引自邓素媛等，《饲料研究》，2021）

三、象草利用时期与营养价值的关系

象草营养成分含量以及饲用价值会随着刈割高度的变化而变化。王郝为等（2018）研究发现，当刈割高度为 60 cm、100 cm、140 cm、180 cm 时，象草中的粗蛋白质、粗脂肪和粗灰分含量会随着刈割高度的增加而显著下降，粗蛋白质由 15.54% 降低到 9.43%。粗纤维、中性洗涤纤维和酸性洗涤纤维含量呈先增后降的抛物线趋势，粗纤维在刈割高度为 140 cm 时最高；相对饲用价值（RFV）和有机物消化率（OMD）呈现先降后增的趋势，可能与象草株高达 140 cm 时中性洗涤纤维、酸性洗涤纤维的加速积累导致消化率降低有关。可见从营养、饲用价值等综合方面考虑，象草株高在 180 cm 以内时，刈割高度分别为 60 cm 和 180 cm 对饲养动物比较合适，前者可用于饲喂鸡、鹅、兔等小型动物，后者可用于饲喂牛、羊等大型草食动物，这仅仅是从植株营养含量方面考虑。如果从产量上折算营养物质收获量方面考虑，象草通常的刈割高度为 2.5 m 左右，可为大型草食动物提供更高产量的优质草料。

象草刈割

四、象草的收储以及加工利用方式

夏季是象草收获的高峰期，除采用鲜草直接饲喂牛、羊外，我国南方地区通常采用青贮、微贮、氨化等技术对富余的鲜草进行保存，一是可以改善象草常规营养成分，同时提高干物质、粗蛋白质及粗纤维的消化利用率，二是可以长时间有效保存饲草，解决冬春季节枯草期饲草缺乏问题。象草可单独青贮，或与高能量饲料如全株玉米及各种秸秆、料渣等混合青贮，或添加精料制备成全混发酵日粮。发酵料可用于饲喂牛、羊、兔、鹅等草食动物，亦可酌量添加到鸡、鸭等家禽的饲料中。

象草无论是以干草、干草粉，还是鲜草、发酵料等形式，均能较好地被草食动物消化利用，且产量高，适应性强，种植管理粗放，是广大规模牛、羊、猪、鹅、兔、鱼养殖场种植利用的优质饲草，近年来也逐步在鸡、鸭等家禽的养殖中得到应用。象草作为优质饲草料在畜禽养殖业中的不断推广应用，降低了饲料成本，提高了经济效益，从而改善畜产品品质，促使养殖业向着环境友好型发展。

第二节　象草在牛生产中的应用技术

草是牛生长的基础饲料，新鲜饲草是提高牛肉品质的重要保障。象草对土壤要求不高，不管是在丘陵山坡还是荒山荒地，只要施足有机肥等就能生产出优质高效的饲草，不与粮争地。且象草抗性强，产量较稳定，种植技术相对简单，农户易掌握（黄峰岩等，2011）。象草平均粗蛋白质含量为 8% 左右，不仅营养品质较好，而且富含对维持牛的健康非常重要的粗纤维，平均含量为 35% 左右，牛喜食，是粮食与其他饲料所不能代替的。象草非常适合养牛，是养牛的首选优质饲草。

一、象草饲喂奶牛

奶牛是反刍动物，日粮主要以粗饲料为主，配合精料、微量元素等以满足日常所需。养殖奶牛以获得牛奶畜产品作为主要目的，而日粮质量是保障牛奶畜产品营养的关键，要想获得高产优质的牛奶畜产品，奶牛的日粮组成需要保持营养均衡，因此对奶牛日粮的营养水平要求较高。

1. 桂牧 1 号杂交象草饲喂荷斯坦奶牛

黄香等（2009）用象草饲喂高产奶水平的澳洲型荷斯坦经产奶牛，粗饲料由青贮全株玉米、苜蓿干草块及青绿普通象草组成，用桂牧 1 号杂交象草分别替代 0、50%、100% 的青绿普通象草。结果显示，桂牧 1 号杂交象草的添加对荷斯坦奶牛的产奶量有显著影响，能提高产奶量，50%、100% 添加量分别提高产奶量 0.6 kg/（d·头）、1.3 kg/（d·头），牛奶中乳干物质率、乳蛋白率均得到提高，乳脂肪率有所降低（表 4–5）。

表 4–5　不同象草对荷斯坦奶牛的产奶性能影响

试验组别	试验前产奶量（kg）	试验期产奶量（kg）	乳干物质率（%）	乳脂肪率（%）	乳蛋白率（%）
青绿普通象草组	20.4	17.9	12.20	3.70	3.25
50% 桂牧 1 号杂交象草组	19.7	17.8	12.21	3.68	3.25
100% 桂牧 1 号杂交象草组	20.1	19.1	12.24	3.68	3.28

（引自黄香等，《广东畜牧兽医科技》，2009）

用桂牧 1 号杂交象草饲喂荷斯坦奶牛

2. 桂闽引象草饲喂荷斯坦奶牛

姚娜等（2014）选择健康的荷斯坦奶牛（又称黑白花奶牛）20 头，按奶牛胎次、产奶量、泌乳日龄等相近的原则平均分为试验组和对照组，分别饲喂桂闽引象草和桂牧 1 号杂交象草，在青饲料的日粮采食基础上，根据泌乳期奶牛需要添加相同的配合精饲料，试验周期为 90 d。试验结果表明，用桂闽引象草饲喂荷斯坦奶牛可以显著提高产奶量。在整个试验期间，饲喂桂闽引象草组产奶量有了较明显的提高，平均日产奶量为（11.34 ± 0.54）kg/ 头，与饲喂桂牧 1 号杂交象草组相比高出 16.55%（表 4–6），这与桂闽引象草具有较高的饲草品质有关。此外，饲喂桂闽引象草组在试验期间产奶量呈逐月上升趋势，而对照组则呈下降趋势，说明保持较高的日粮粗蛋白质含量可以延长奶牛产奶高峰期。从乳成分的测定分析结果来看，饲喂桂闽引象草组奶牛乳脂率、乳蛋白、乳总固体物质及钙含量比饲喂桂牧 1 号杂交象草组有了明显的提高，且差异显著（$P < 0.05$）。其中，乳脂率

比对照组提高 66.98%，乳蛋白提高了 17.76%，乳总固体物质提高了 28.57%，乳糖比对照组降低 1.17%（表 4–7）。

表 4–6　不同象草对荷斯坦奶牛产奶量的影响

组别	日产奶量（kg/ 头）			
	9 月	10 月	11 月	平均
饲喂桂闽引象草组	10.49 ± 0.29	11.18 ± 0.50a	12.35 ± 1.03	11.34 ± 0.54a
饲喂桂牧 1 号杂交象草组	10.10 ± 0.44	9.41 ± 0.24b	9.66 ± 0.25	9.73 ± 0.20b

注：同列不同小写字母表示差异显著（$P < 0.05$）。

表 4–7　不同象草对荷斯坦奶牛乳成分的影响

组别	乳脂率（%）	乳蛋白（%）	乳糖（%）	乳总固体物质（%）	钙（mg/100 g）
饲喂桂闽引象草组	4.24 ± 0.56a	3.58 ± 0.06a	3.63 ± 0.04b	13.05 ± 0.43a	135.50 ± 3.18
饲喂桂牧 1 号杂交象草组	2.57 ± 0.70b	3.04 ± 0.06b	4.25 ± 0.09a	10.15 ± 0.09b	134.50 ± 1.44

注：同列不同小写字母表示差异显著（$P < 0.05$）。

（引自姚娜等，《黑龙江畜牧兽医》，2014）

3. 象草饲喂娟姗奶牛

姚娜等（2015）选择胎次、产奶量、泌乳日龄等相近的健康娟姗奶牛 20 头，随机分为 2 组，分别饲喂以桂闽引象草、桂牧 1 号杂交象草为青饲料组成的配合日粮组合，在管理措施保持相对一致的情况下进行泌乳试验，试验周期为 90 d。结果表明，在奶牛品种和管理措施相同的条件下，运用不同的草料饲喂，饲喂桂闽引象草组产奶量较试验前提高了 5.4%，且试验期内连续 3 个月产奶量趋于平稳，平均日产奶量为（11.65 ± 0.07）kg/ 头；饲喂桂牧 1 号杂交象草组产奶量呈下降趋势，平均日产奶量为（10.5 ± 0.38）kg/ 头，比试验前降低了 10.95%（表 4–8）。可见，通过改善粗饲料品质，可以提高奶牛的产奶量，使奶牛泌乳性能得到充分发挥。

表 4–8　不同象草对娟姗奶牛产奶量的影响

组别	试验前产奶量［kg/（头・d）］	试验期产奶量［kg/（头・d）］			
		9 月	10 月	11 月	平均
饲喂桂闽引象草组	11.05 ± 0.45	11.68 ± 0.43	11.75 ± 0.33	11.51 ± 0.40	11.65 ± 0.07a
饲喂桂牧 1 号杂交象草组	11.35 ± 0.63	11.23 ± 0.52	10.30 ± 0.61	9.97 ± 0.39	10.50 ± 0.38b

注：不同小写字母表示差异显著（$P < 0.05$）。

（引自姚娜等，《中国草地学报》，2015）

用象草饲喂娟姗奶牛

从乳成分测定分析所得数据来看，饲喂娟姗奶牛桂闽引象草后乳脂率、乳蛋白、乳总固体物质含量在表观值上均较饲喂桂牧1号杂交象草组有了提高，分别提高了8.83%、19.52%、14.96%，但方差分析显示，差异不显著（$P > 0.05$）。乳糖较对照组降低了5.01%。饲喂桂闽引象草组钙含量较饲喂桂牧1号杂交象草组有较明显的增加，提高了25.44%，差异显著（$P < 0.05$）。由此可见，利用优质的桂闽引象草饲喂泌乳期的娟姗奶牛，不仅可以提高奶牛的产奶量和乳品质，还能使奶牛泌乳性能得到充分发挥，节省饲料成本，提高经济效益（表4–9）。

表4–9　不同象草对娟姗奶牛乳成分的影响

组别	乳脂率（%）	乳蛋白（%）	乳糖（%）	乳总固体物质（%）	钙（mg/100 g）
饲喂桂闽引象草组	3.82 ± 0.17	4.96 ± 0.27	3.59 ± 0.12	14.60 ± 0.75	189.00 ± 3.46a
饲喂桂牧1号杂交象草组	3.51 ± 0.07	4.15 ± 0.19	3.77 ± 0.25	12.70 ± 1.27	150.67 ± 7.69b

注：不同小写字母表示差异显著（$P < 0.05$）。

（引自姚娜等，《中国草地学报》，2015）

4. 象草与农副产品料渣混合搭配饲喂奶水牛

农副产品料渣是农产品经过了一定的加工工艺处理之后的残渣，营养成分比较好，经过压榨、粉碎等工艺处理后物理性状也得到改善，容易被动物消化分解，适量添加到常规饲料中，对动物生产性能的提高具有潜在的促进作用。黄雅莉等（2012）在日粮中用啤酒糟代替精料中 50% 豆粕、木薯渣代替粗草料中 12.5% 象草以饲喂泌乳期水牛。常规（对照组）日粮组成为精料 5 kg/d，粗料为象草 15 kg/d + 啤酒糟 10 kg/d + 木薯渣 15 kg/d。结果显示，替代组对水牛产奶量、日采食量及乳糖无显著影响，对乳脂率、乳蛋白率、乳总固体物质含量、非脂固形物含量有显著提高，分别提高了 5.72%、11.78%、6.85%、4.11%。啤酒糟为小麦经过发酵酿造之后得到的固体残渣，粗纤维含量比较低；木薯渣是木薯提取淀粉之后得到的副产品，主要是粗纤维、粗灰分和水分。该试验结果提示，在使用象草为主要粗草料饲喂奶牛时，可根据农副产品料渣的饲用品质适当替代精料或粗草料，既能将农产品加工废弃物变废为宝，又能在不影响泌乳水牛生产性能的情况下改善奶牛的乳品质。

5. 象草用于饲养奶牛的建议

奶牛的产奶量受到诸多因素的影响，其中主要包括遗传因素（品种、个性特征等）、生理因素（年龄、胎次、产犊间隔、泌乳期、干乳期等）及环境因素（饲料饲养、产犊季节、外界气温等）3 个方面。日粮的营养组成是影响奶牛产奶量的一个重要因素。奶牛产奶量会随日粮粗蛋白质含量的增加而增加，保持较高的日粮粗蛋白质含量还可以延长奶牛产奶高峰期。在品种和管理相同的条件下，运用不同的草料饲喂奶牛，效果也不尽相同，这与饲草品质有极大的关联。因此，通过改善粗饲料品质，可以提高奶牛的产奶量，使奶牛泌乳性能得到充分发挥。

二、象草饲养肉牛

肉牛是草食动物，但不同品种、不同生长阶段的肉牛对营养的需求不同，生长速度也不一样。尤其是生产和育肥牛，精料的补充是必不可少的。而粗饲料的摄入占日粮的大部分比重，优质粗饲料的选择要满足质和量的需求。象草鲜草产量高，品质优，每公顷年产鲜草 225 ～ 450 t，与当地具有季节性供应及价格优势的农作物秸秆、农副产品料渣等进行合理搭配，进行科学饲养，既能促进肉牛生长，又能取得较好的经济效益。

1. 水牛的增重效果及成本分析

俞文靓等（2020）用紫色象草、甘蔗尾、构树和桑枝等非常规饲草与精料按照精粗比 60：40 进行混合发酵制备成牛全混发酵日粮，饲喂 4 月龄左右的健康水牛公犊（88.9 ± 20.1 kg），每天 9：30 及 15：30 各饲喂 1 次。精料的成分和比例相同，即 34.7% 玉米、10% 豆粕、5% 菜籽粕、10% 玉米麸、0.3% 菌种；粗饲料分别为 12% 构树 +28% 紫色象草、40% 紫色象草、40% 甘蔗尾、12% 桑枝 +28% 紫色象草。试验结果表明，相对于甘蔗尾，紫色象草的日采食量、平均日增重比较高，料重比较低，日增重为 0.56 kg/d，比甘蔗尾高出 7.69%。说明水牛采食紫色象草比采食甘蔗尾生长更快，且每增重 1 kg 消耗的草料比甘蔗尾少 3.24%。

构树和桑枝的蛋白质含量较高，纤维素含量相对较低，比紫色象草更能促进水牛的生长，干物质采食量也更高；饲喂构树 + 紫色象草、桑枝 + 紫色象草的料重比比单独饲喂紫色象草高，分别高 5.8%、3.795%。毛盈利以构树 + 紫色象草组最高，桑枝 + 紫色象草、紫色象草次之，甘蔗尾组最低，说明紫色象草与构树、桑枝配合饲喂水牛比单一粗饲料饲喂的经济效益更好（表 4–10）。

表 4–10　几种非常规饲料对水牛的饲养效果

项目	构树 + 紫色象草组	紫色象草组	甘蔗尾组	桑枝 + 紫色象草组
初重（kg）	86.90	90.60	87.70	88.80
末重（kg）	128.40	123.90	118.90	127.50
平均增重（kg/d）	0.69	0.56	0.52	0.65
干物质采食量（kg/d）	3.28a	2.51b	2.41b	3.00a
料重比	4.74	4.48	4.63	4.65
饲料成本（元）	6.57	5.52	5.78	6.01
日收入（元）	18.01	14.54	13.53	16.78
毛盈利（元）	11.44	9.02	7.75	10.77

注：饲料价格（元 /kg，即时价）为紫色象草 0.25，构树 0.2、甘蔗尾 0.3、桑枝 0.25、玉米 1.8、玉米麸 1.45、豆粕 3.5、菜籽粕 1.8、食盐 2；水牛活重价格 26 元 /kg；毛盈利 = 日收入—饲料成本，其他成本未列入计算。（引自俞文靓等，《饲料工业》，2020）

2. 黄牛的增重效果及效益分析

武婷婷（2018）在黄牛日粮中按精粗比 50∶50，精料为 32.5% 玉米、6% 麸皮、9% 豆粕，草料由青贮象草和青贮玉米、黄贮玉米组成，饲喂 1.5 岁、体重 319.9 kg 左右的黄牛，试验期为 65 d。从结果看，以青贮象草或青贮玉米、黄贮玉米为粗料，对黄牛的增重效果差异不显著，每头增重为 1.152 ～ 1.198 kg/d。但青贮象草组的精料耗料量居中，青贮玉米 + 黄贮玉米混合组的精料耗料量最高，差异显著。青贮象草组的料重比为 6.76，在各组中处于中间水平（表 4–11）。可见，象草的添加在一定程度上能减少黄牛饲料的消耗量。

从经济效益上分析，饲料成本纯青贮玉米的最高，青贮玉米 + 青贮象草的最低，日收入每组之间仅相差 0.1 元，平均每日毛盈利为纯青贮玉米的最低，青贮玉米 + 青贮象草的居中，仅比青贮玉米 + 黄贮玉米的低 0.6 元。可见，从经济效益上看，青贮玉米 + 青贮象草作为粗饲料饲喂黄牛与青贮玉米 + 黄贮玉米效果接近，比纯饲喂青贮玉米的经济效益要好。

表 4–11　青贮象草、青贮玉米与黄贮玉米配合饲喂黄牛效果

项目	50% 青贮玉米	20% 青贮玉米 +30% 黄贮玉米	20% 青贮玉米 +30% 青贮象草
平均增重（kg/d）	1.19	1.20	1.15
精料干物质采食量（kg/d）	3.68c	4.09a	3.76b
粗料干物质采食量（kg/d）	3.82	3.87	3.91
料重比	6.34	6.91	6.76
饲料成本（元）	20.80	19.30	18.60
日收入（元）	31.00	31.10	29.90
毛盈利（元）	10.20	11.90	11.30

注：饲料价格（元 /kg，原始价）为青贮玉米 0.5、黄贮玉米 0.35、青贮象草 0.25、玉米 1.8、麸皮 1.7、豆粕 3.5、石粉 2、食盐 2、黄酒酵母 10、预混料 2.67；黄牛活重价格 26 元 /kg；毛盈利中仅除去饲料成本，其他成本未列入计算。（引自武婷婷，广西大学，2018）

同样，选择年龄、体况相近的健康育肥牛 16 头，平均分为 2 组。在日粮中配合饲料相同的情况下，2 组分别饲喂桂闽引象草和桂牧 1 号杂交象草。试验牛在管理措施保持相对一致的情况下进行试验，试验周期为 90 d。经过数据

统计分析，从结果看出，饲喂桂闽引象草组总增重 103.00 ± 41 kg/ 头，日增重 1051.02 ± 418.37 g/ 头，比饲喂桂牧 1 号杂交象草组增加了 11.50%，差异不显著（$P > 0.05$）；从料重比来看，饲喂桂闽引象草组料重比为 3.67，饲喂桂牧 1 号杂交象草组料重比为 4.09，比饲喂桂闽引象草组多耗料 11.44%（表 4–12）。

表 4–12　不同象草对育肥牛生长性能的影响

组别	始重（kg/ 头）	末重（kg/ 头）	总增重（kg/ 头）	日增重（g/ 头）	料重比
饲喂桂牧 1 号杂交象草组	250.75 ± 46	343.125 ± 45	92.375 ± 71	942.60 ± 724.50	4.09
饲喂桂闽引象草组	228.25 ± 64	331.250 ± 60	103.000 ± 41	1051.02 ± 418.37	3.67

3. 象草用于饲养肉牛的建议

育肥牛及生长期牛的增重与盈利除与粗饲料有关，精料的搭配也很关键。研究显示，将精料中玉米的含量由 12.5% 增加到 32.5%，象草的添加量由 60% 减少到 40%，肉牛的日增重也相应得到提高，由 0.91 kg/d 提到 1.31 kg/d，且料重比依次降低，一定意义上降低饲料成本，提高日收入，最重要的是毛盈利得到提高。而且相关研究显示，精料的适度增加对肉牛血液生化指标没有显著影响。象草、发酵桑枝、甘蔗尾、构树、青贮玉米、黄贮玉米、料渣等大多数粗饲料对牛的血液生化指标无显著影响。因此，利用象草饲喂肉牛，可根据当地现有饲料资源季节性供给及价格情况选择不同的粗饲料进行合理搭配，且相应地增加精料补充量。精料的组成主要有玉米、豆粕、麸皮等，精料添加占牛体重的 1.5% ～ 2%，精料的补充量可占日粮量的 60% ～ 70%（以干物质计），以最大限度地促进育肥牛快速生长，提高育肥牛养殖的经济效益。

第三节　象草在羊生产中的应用技术

山羊是反刍动物，具有独特的分解消化粗纤维的功能，食性以采食粗饲料为主。由于山羊生性喜攀爬，喜欢采食多种绿色植物，不宜长期单品喂养，一般可选择农作物秸秆、青饲料、料渣、干草等混合或轮换饲喂。规模养殖则以散养加圈养 2 种模式结合。象草营养品质好，富含粗纤维，粗蛋白质含量也比较高，非常适合用于饲喂山羊。目前我国的优良肉羊品种主要有努比亚黑山羊、波尔山羊及川中山羊，这些肉羊品种生长速度较快，是肉羊养殖的推荐品种。山羊断奶前以精料和母乳喂养为主，一般在 2 ～ 3 个月断奶之后逐量添加草料。

用象草饲喂山羊

一、象草对山羊增重的影响

1. 不同象草品种和精料按照分开饲喂方式饲喂山羊的增重效果

通过每次先饲喂精料、后饲喂粗饲料象草的饲喂方法开展努比亚黑山羊养殖试验。以饲喂紫色象草为试验组，饲喂桂牧 1 号杂交象草为对照组，分析 2 种饲草对山羊采食量、生长性能、肉质及血液生化指标的影响。结果显示，在努比亚黑山羊由平均 13.35 kg 增长到 25.59 kg 的过程中，试验组、对照组平均日增重分别为 138.51 g、133.33 g，平均日耗精料量均为 0.25 kg，日耗草料量分别为 1.44 kg、1.51 kg，草料料重比分别为 10.39、11.32（表 4–13）。在相同的饲养管理条件下，紫色象草的饲喂效果稍微优于桂牧 1 号杂交象草，平均日耗草料量显著低于桂牧 1 号杂交象草，草料的肉产品转化效率也较高，饲喂紫色象草组山羊肉蛋白质含量为 20%，比桂牧 1 号杂交象草组的高（表 4–14）。试验过程中山羊均未出现不良症状，解剖内脏器官均正常，可见象草对山羊的机体、羊肉营养、血液生化指标无不良影响（易显凤等，2017）。

表 4-13 不同象草对努比亚黑山羊的增重效果

组别	始重（kg）	末重（kg）	平均日增重（g）	平均日耗料量（kg·d）		草料料重比
				精料	草料	
饲喂紫色象草组	12.95 ± 0.33a	25.42 ± 0.74a	138.51 ± 6.42a	0.25	1.44 ± 0.03b	10.39
饲喂桂牧 1 号杂交象草组	13.75 ± 0.65a	25.75 ± 0.35a	133.33 ± 3.39a	0.25	1.51 ± 0.05a	11.32

（引自易显凤等，《饲料研究》，2017）

表 4-14 精料组成和营养水平

精料组成	含量（%）	营养水平	含量
玉米	42.00	能量（MJ/kg）	15.78
豆粕	22.00	粗蛋白质（%）	14.41
麦麸	8.00	粗纤维（%）	5.00
鱼粉	10.00	粗脂肪（%）	38.66
红枣粉	12.00	钙（%）	2.36
预混料	4.00	磷（%）	0.44
小苏打	1.00		
食盐	1.00		

（引自易显凤等，《饲料研究》，2017）

2. 不同象草品种和精料按照混合方式饲喂山羊的增重效果

姚娜等（2014）分别将桂闽引象草、桂牧 1 号杂交象草、华南象草按照 80：20 的比例与精料组成混合日粮，饲喂努比亚黑山羊（平均体重 14 kg 左右）。从试验结果来看，用 3 种象草饲喂努比亚黑山羊均有不同程度的增重效果，其中饲喂桂闽引象草组增重效果最明显，净增重为 8.67 ± 1.07 kg，日增重为 144.44 ± 17.80 g，料肉比为 19.10，饲料消耗比较少，饲料报酬率高（表 4-15）。相对于华南象草，桂闽引象草茸毛较少，且含糖量较高，因此适口性较华南象草好，羊的采食量增加，从而促进了羊的生长。

表 4–15 不同象草对努比亚黑山羊的增重效果

组别	始重（kg）	末重（kg）	净增重（kg）	日增重（g）
饲喂桂闽引象草组	14.50 ± 0.58	23.17 ± 0.61	8.67 ± 1.07a	144.44 ± 17.80a
饲喂桂牧 1 号杂交象草组	14.92 ± 1.12	21.47 ± 0.57	6.55 ± 0.83ab	109.17 ± 13.80ab
饲喂华南象草组	14.27 ± 0.79	18.87 ± 0.41	4.60 ± 0.49b	76.67 ± 8.22b

注：同列不同小写字母表示差异显著（$P < 0.05$）。

（引自姚娜等，《中国草地学报》，2014）

3. 象草与桑枝叶（秆）对比饲喂山羊的增重效果

将桂牧 1 号杂交象草、经青贮处理的桑枝叶（秆）饲料分别饲喂山羊，并根据山羊每日所需标准添加同等水平和份量的以麦麸为主的精料。试验的养殖管理按照当地养殖场饲喂习惯在相同的条件下进行，草料自由采食。经检测，青贮发酵的桑枝叶（秆）青贮饲料中含干物质 39.3%、粗蛋白质 4.15%、粗脂肪 0.65%、粗纤维 18.4%、中性洗涤纤维 26.3%、酸性洗涤纤维 27.5%、总钙 6.5 g/kg、总磷 26.3%，青贮饲料的能量水平达到 4.77 MJ/kg。经过为期 60 d 的饲喂试验，发现桑枝叶（秆）青贮饲料和桂牧 1 号杂交象草饲喂山羊均有不同程度的增重效果，饲喂桂牧 1 号杂交象草组净增重 4.75 ± 0.49 kg，日增重 79.08 ± 8.20 g，比饲喂桑枝叶（秆）青贮饲料组（净增重 4.21 ± 0.33 kg，日增重 70.08 ± 5.45 g）分别高出 12.83%、12.54%，增重效果差异不显著（$P > 0.05$）（表 4–16）。从采食量来看，饲喂桂牧 1 号杂交象草组采食量为 2529.25 ± 13.39 g/（只・d），比饲喂桑枝叶（秆）青贮饲料组高出 23.76%，且差异极显著（$P > 0.01$），这可能是由于桑枝叶（秆）中含有大量的粗纤维，质地较坚硬，口感方面略逊色于象草。从料肉比方面来看，饲喂桑枝叶（秆）青贮饲料组料肉比为 29.28，低于饲喂桂牧 1 号杂交象草组的 9.22%，差异不显著（$P > 0.05$）。

由此可以看出，饲喂桑枝叶（秆）青贮饲料，山羊增重效果较饲喂桂牧 1 号杂交象草略差，但差异不显著（$P > 0.05$）。象草能使羊的采食量增加，从而促进山羊的快速生长，提高经济效益。

表 4-16　象草与桑枝叶（秆）对比饲喂山羊增重效果

组别	始重（kg）	末重（kg）	净增重（kg）	日增重（g）	采食量［g/(只・d)］	料肉比
饲喂桑枝叶（秆）饲料组	21.51 ± 0.57	25.71 ± 0.82	4.21 ± 0.33	70.08 ± 5.45	2051.70 ± 41.85aA	29.28
饲喂桂牧 1 号杂交象草组	20.41 ± 0.65	25.15 ± 0.76	4.75 ± 0.49	79.08 ± 8.20	2529.25 ± 13.39bB	31.98

二、象草对山羊肉品质的影响

饲喂紫色象草和桂牧 1 号杂交象草的山羊肉蛋白质含量分别为 20%、14.8%，能量分别为 411.3 kJ/100 g、564.7 kJ/100 g，饲喂紫色象草组的氨基酸含量略高（表 4-17）。山羊肉的营养价值，不仅与蛋白质含量有关，还与蛋白质的氨基酸种类及含量的高低有密切联系。饲喂紫色象草组的热量、脂肪含量显著低于饲喂桂牧 1 号杂交象草组的，低热量和低脂肪肉类对肥胖、血脂较高、高血压人群的身体有益。试验表明山羊采食紫色象草能提高肉的品质，这可能与紫色象草富含氨基酸和原花青素有关，原花青素可缓解养殖过程中的各种氧化应激反应，提高动物生产性能和健康水平（易显凤等，2017）。

用象草饲喂山羊

表 4-17　饲喂不同象草所得山羊肉品质

组别	水分（g/100 g）	蛋白质（g/100 g）	脂肪（g/100 g）	能量（kJ/100 g）	灰分（g/100 g）	氨基酸（g/100 g）	铁（mg/100 g）	锌（mg/kg）
饲喂紫色象草组	74.5	20.0	1.1	411.3	2.6	20.4	1.06	19.86
饲喂桂牧 1 号杂交象草组	72.3	14.8	4.9	564.7	2.6	19.5	1.48	29.40

（引自易显凤等，《饲料研究》，2017）

三、象草对山羊机体功能的影响

血液生化指标在一定程度上能反映动物营养、免疫、代谢及能量传递等水平。通过血液分析可知，血液中反映机体蛋白合成和代谢的总蛋白指标，饲喂象草的比饲喂桑枝的高 1.03 g/L；反映机体对脂类吸收和代谢的胆固醇指标，饲喂象草的比饲喂桑枝的低 23.49%，转氨酶则有高有低，说明象草对山羊肝功能无不良影响，能促进机体蛋白及脂类的吸收、合成、代谢（表 4–18）。

表 4–18　象草和桑枝对山羊血液生化指标的影响

检测项目	饲喂桑枝组	饲喂桂牧 1 号杂交象草组
谷丙转氨酶 ALT（U/L）	24.80 ± 1.39b	28.17 ± 0.33a
谷草转氨酶 AST（U/L）	91.67 ± 7.35	85.50 ± 3.01
碱性磷酸酶 ALP（U/L）	390.27 ± 20.79	302.70 ± 39.24
总蛋白 TP（g/L）	68.20 ± 1.25	69.23 ± 3.07
白蛋白 ALB（g/L）	31.87 ± 0.23	29.80 ± 1.35
总胆固醇 TC（mmol/L）	2.81 ± 0.11a	2.15 ± 0.10b
甘油三酯 TG（mmol/L）	0.25 ± 0.04	0.30 ± 0.08
低密度载脂蛋白 LDL–C（mmol/L）	0.44 ± 0.04	0.43 ± 0.06
高密度载脂蛋白 HDL–C（mmol/L）	1.82 ± 0.15a	1.29 ± 0.03b
球蛋白 GLO（g/L）	36.33 ± 1.33	39.67 ± 1.76
乳酸脱氢酶 LDH（U/L）	376.87 ± 27.86	359.30 ± 17.48

四、象草饲养山羊经济效益

根据上述多个试验的结果进行综合效益分析。饲养山羊精料成本为 2700 元 /t 左右，象草鲜草切碎的按 280 元 /t 计，鲜草含水量 80% 左右。以生长较快的优良品种努比亚黑山羊为例，料肉比精料为 1.84：1、草料为 10.86：1，山羊每长 1 kg 需要消耗饲料成本为精料 4.97 元、草料 15.20 元，饲料成本合计为 20.17 元，而市场上羊肉价格为 50 元 /kg 左右，可见象草饲养山羊的经济效益十分显著。

五、象草饲养山羊可行性分析

从生长性能上分析，本地山羊个体比较小，如海南黑山羊 6 月龄体重仅为约 15 kg，周璐丽等（2018）以发酵木薯副产物或新鲜王草饲喂，平均日增重分别为

83.33 g、67.05 g，料重比分别为 8.49、8.55，差异不显著；金堂黑山羊 2 ～ 6 月龄由 12.5 kg 增长到 23.8 kg，平均日增重约为 94.17 g。努比亚黑山羊个体比较大，2 月龄断奶羊体重为 12.5 kg 以上，6 月龄可为 25 kg 以上，生长速度快。对比目前所见报道，日粮中添加青贮甘蔗尾叶 20%+ 花生秧 20%+ 玉米粉 40%+ 红枣粉 10% 饲喂努比亚黑山羊，平均日增重为 111 ～ 130 g，料重比为 9.34 ～ 11.28（王坤等，2020）；添加 30% 微贮玉米秸秆平均日增重为 139.58 g，常规日粮平均日增重为 119.17 g（何立贵等，2018）；而常规养殖以麦麸为主要的精料，桂牧 1 号杂交象草比桑枝青贮饲料更能促进山羊体重的增长，日增重分别为 79.08 g、70.08 g。根据饲养经验，一般努比亚黑山羊断奶后体重约为 12.5 kg，育肥通常的投喂方式是精料 0.2 ～ 0.3 kg，粉碎的粗干草 1 ～ 1.25 kg，鲜草 5 ～ 8 kg，日增重 116 ～ 166 g。而象草与精料分开单独饲喂或与精料按 4 ：1 的比例混合饲喂，对初始体重为 12 ～ 14 kg 的山羊增重效果是比较好的，日增重一般可为 109.17 ～ 144.44 g。日粮中添加 80% 的桂闽引象草日增重可达到 144.44 g，可见象草饲养山羊生长速度是较快的。

从饲养成本上分析，努比亚黑山羊在常规饲养情况下，每增重 1 kg 饲料成本约为 22.04 元，而每天饲喂鲜象草，补充 250 g 精料，每增重 1 kg 的饲料成本约为 20.17 元。周志扬等（2016）在对关中奶山羊的饲养研究中得出，添加 79% 鲜象草山羊每千克增重饲料成本为 13.52 元，添加花生秸秆、青贮玉米、空心菜梗等饲料成本为 15.17 ～ 18.43 元。对比一部分农副产品如桑枝秆，象草的料肉比比桑枝秆的高出 9.22%，导致饲料报酬率没有桑枝秆的高，但是象草增重效果比桑枝秆的好。从时间成本考虑，象草能提高山羊出栏速度，提高经济效益。可见，以象草为粗饲料饲养山羊，能节约养殖成本。

六、象草用于山羊养殖的建议

不同山羊品种生长速度差异比较大，应根据不同品种适量增减精草料饲喂量。但是，不管养殖什么品种的山羊，优质精料的选择和分量均比较重要，配以多样化的优质草料才能促进山羊快速生长。据调查了解，目前较多的养殖场为了追求羊的快速育肥，会尽量提高精料在日粮中的比重，高的可达到每只羊每天饲喂 0.5 kg 精料的量，而精料的增加会导致饲料成本的增加，肉质口感也会稍差一些。象草鲜草产量高，每年每公顷产鲜草 225 ～ 450 t，营养品质优，粗蛋白质含量为8%左右，粗纤维含量和水分含量适中，羊喜食。以象草为粗饲料饲养山羊，育肥期一般每天每只山羊添加象草鲜草8 kg左右，适量补充精料，约250 g/d。山羊体重为15 kg时开始饲喂新鲜象草，每日增重可为109.17～144.44 g，山羊每长1 kg体重需要的饲料成本约为20.17元，经济效益十分显著，种植象草发展山羊产业的前景非常好。

第四节　象草在肉兔生产中的应用技术

兔子是单胃草食动物，可食用的饲料种类很多。以獭兔为例，日粮中粗饲料的比例一般为30%～50%、能量饲料玉米等占20%～35%、糠麸类饲料占10%～35%、蛋白饲料占15%～25%、矿物质及添加剂占1%～3%。近年来，养兔业趋于规模化发展，常规饲料资源日趋紧缺，特别是玉米、豆粕来源供不应求，饲料成本居高不下，因此，开发饲料资源、降低饲料成本成为养兔业发展的重中之重。粗纤维在家兔饲养中极其重要，日粮中有适量的粗纤维对家兔的生长、肠道蠕动、食糜的通过速度和防止肠炎和肠毒血症、减少死亡率均有重要的作用。在常规饲料资源紧缺、饲料成本较高的背景下，开发优质高产粗饲料资源极为重要（谷子林等，2012）。

用象草饲喂兔子

建议配方（3月龄前）：玉米22%、大豆粕14%、小麦麸5%、象草38%、米糠12%、菜籽粕5%、预混料4%。

一、肉兔对象草的消化代谢试验分析

象草鲜草产量高、适口性好、营养品质好，拔节期象草含水量85.43%，干物质中粗蛋白质含量13.49%、粗脂肪含量2.62%、粗纤维含量25.08%、中性洗涤纤维含量51.65%、酸性洗涤纤维含量26.87%、粗灰分含量20.11%、钙含量4.04%、磷含量0.36%。肉兔能很好地消化利用象草中的各种营养成分，象草可作为饲养肉兔的优质饲草。现在我国南方地区的广大养兔场、养兔大户大量种植象草来饲

喂肉兔。象草可鲜喂，也可制成干草草粉添加到日粮中饲喂。

1. 肉兔对桂闽引象草的消化代谢试验分析

试验选取健康、体重相近的新西兰肉兔 12 只，完全随机分为 2 组，每组 6 只，每笼饲养 1 只。按组分别饲喂添加 5% 桂闽引象草草粉的基础日粮和添加 20% 桂闽引象草草粉的基础日粮。试验采取 4N 盐酸不溶灰分二次试验法进行，先测定添加了 5% 桂闽引象草草粉的基础日粮的消化率，再测定基础兔料加 20% 桂闽引象草草粉组成的新配日粮的消化率，通过二次试验套算出被测定桂闽引象草营养成分的消化率。试验为期 14 d，预饲 7 d。

试验结果显示，肉兔对桂闽引象草营养成分的消化率分别为粗蛋白质 76.97%，粗纤维 43.35%，粗脂肪 84.08%，无氮浸出物 48.92%，粗灰分 44.07%，钙 44.59%，磷 32.93%（表 4–19）。肉兔对桂闽引象草粗蛋白质、粗纤维和粗脂肪的消化率较高，这与肉兔的盲肠及食粪癖特性（也称二次营养性）在营养物质消化上起重要作用相关。肉兔盲肠具有发酵的最适条件，使饲料中的部分营养物质如粗蛋白质能比较充分地被消化和吸收。肉兔对桂牧 1 号杂交象草粗蛋白质消化率为 76.79%；肉兔对蟛蜞菊粗蛋白质消化率为 68.72%。由此可见，桂闽引象草的营养成分能较好的被肉兔消化利用，是一种适宜用来发展养兔的优质饲草。

表 4–19 肉兔对桂闽引象草的表观消化率（单位：%）

名称	干物质	粗蛋白质	粗纤维	粗脂肪	无氮浸出物	粗灰分	钙	磷
桂闽引象草	40.60 ± 1.39	76.97 ± 5.08	43.35 ± 4.27	84.08 ± 1.85	48.92 ± 2.53	44.07 ± 4.74	44.59 ± 2.89	32.93 ± 4.90

（引自易显菊等，《广西畜牧兽医》，2014）

2. 肉兔对紫色象草的消化代谢试验分析

试验采用肉兔全粪收集法、盐酸不溶灰分（AIA，4 mol/mL）及二次试验套算法测定并计算新西兰肉兔对紫色象草各营养成分的表观消化率。结果表明，新西兰肉兔对紫色象草的粗蛋白质消化率为 79.03%（表 4–20），对谷草、苜蓿草、青干草、羊草及豆秸等的粗蛋白质消化率为 74% ~ 82%，对低质量的饲料玉米颗粒的消化率也能达 80%。可见肉兔能很好地利用粗饲料中的粗蛋白质，对粗蛋白质的消化利用率很高。

粗纤维对肉兔起到提供能量、维护肠道健康、提高免疫力等作用，是肉兔的必备营养。食物中粗纤维含量较低时，肉兔容易发生采食量下降、消化紊乱、腹泻等；粗纤维含量过高时，肉兔肠胃排空速率加快，亦可能损伤肠胃黏膜，导致饲粮转化率低，一般粗纤维含量以 14% ～ 16% 为宜。据报道，肉兔的粗纤维消化率为 60% ～ 80%，仅次于牛、羊。但肉兔粗纤维消化率差异较大，对象草粗纤维消化率为 39% ～ 43%，谷草为 11.23% ～ 18.75%，羊草为 23.89%，青干草为 31.95%，小麦为 20.54%，花生秧为 6.74%。本试验中肉兔对紫色象草粗脂肪消化率为 51.18%，相对较高，仅次于对甘蓝（75.0%）、胡萝卜（65.3%）等果蔬的消化率，可见肉兔能较好地利用紫色象草中的粗脂肪。

表 4-20　肉兔对紫色象草的表观消化率（单位：%）

名称	干物质	粗蛋白质	粗纤维	粗脂肪	无氮浸出物	粗灰分	钙	磷
紫色象草	55.05 ± 2.99	79.03 ± 4.53	78.35 ± 1.33	51.18 ± 2.05	40.96 ± 2.94	56.09 ± 5.15	48.88 ± 1.97	38.87 ± 2.35

（引自邓素媛等，《黑龙江畜牧兽医》，2019）

二、象草草粉替代部分精料饲喂肉兔效果

试验选取 35 ～ 40 日龄、体重相近、健康状况良好的断奶肉兔 60 只，分成 A、B、C、D、E 及对照 6 个试验组，每组 10 只，公母各半。肉兔日喂 2 次，分别于 8：00 和 17：00 饲喂，6 个试验组分别用桂闽引象草草粉代替部分精料，添加量分别为 0（对照组）、10%（A 组）、20%（B 组）、30%（C 组）、40%（D 组）、50%（E 组）。试验肉兔预饲 1 周后，逐只空腹称重进入正试期，正试期为 60 d。

试验结果显示，A 组与 B 组增重明显。A 组总增重为 1.12 ± 0.02 kg/ 只，平均日增重为 18.72 ± 0.36 g/ 只，与对照组相比提高了 7.22%，差异显著（$P < 0.05$）；B 组总增重为 1.06 ± 0.04 kg/ 只，平均日增重为 17.67 ± 0.62 g/ 只，与对照组相比提高了 1.20%，差异不显著（$P > 0.05$）。从饲料利用率来看，A 组料重比为 6.01，B 组料重比为 6.48，较对照组耗料量降低了 2.78% ～ 10.82%（表 4-21）。

表 4-21　添加不同比例草粉对肉兔生长性能的影响

组别	始重（kg/只）	末重（kg/只）	总增重（kg/只）	平均日增重（g/只）	采食量［g/（只·d）］	料重比
A 组	0.91 ± 0.06	2.03 ± 0.04ab	1.12 ± 0.02ab	18.72 ± 0.36a	112.44 ± 0.80b	6.01b
B 组	0.96 ± 0.01	2.02 ± 0.03ab	1.06 ± 0.04ab	17.67 ± 0.62ab	114.11 ± 3.47b	6.48b

续表

组别	始重（kg/只）	末重（kg/只）	总增重（kg/只）	平均日增重（g/只）	采食量［g/（只·d）］	料重比
C 组	1.01 ± 0.07	2.05 ± 0.16ab	1.04 ± 0.10ab	17.37 ± 1.68ab	121.67 ± 5.58ab	7.17ab
D 组	1.00 ± 0.05	1.97 ± 0.04ab	0.97 ± 0.02ab	16.16 ± 0.38ab	122.67 ± 2.00ab	7.60ab
E 组	0.87 ± 0.09	1.64 ± 0.18b	0.77 ± 0.09b	12.78 ± 1.52b	136.67 ± 6.43a	11.13a
对照组	1.06 ± 0.04	2.12 ± 0.04a	1.05 ± 0.06a	17.46 ± 0.93ab	115.16 ± 4.29b	6.66b

注：同列不同小写字母表示差异显著（$P < 0.05$）。

李婷等（2013）将桂牧 1 号杂交象草刈割后 40 d 进行收获，晒干粉碎制成草粉，将草粉按不同比例替代日粮中的精料饲喂 0.5 kg 左右的新西兰肉兔 90 d，不添加草粉组平均日增重达 20.31 g/只，10% 草粉组的平均日增重为 19.56 g/只，两组间的平均日增重差异不显著；料肉比最低的是 10% 草粉组（3.61），平均日耗料最低的也是 10% 草粉组（70.62 g/只），10% 草粉组的效益最好，比对照组每只可多盈利 1.1 元；在肉兔日粮中添加桂牧 1 号杂交象草草粉对肉兔的胴体和内脏器官等均无不良影响，可见，桂牧 1 号杂交象草是一种适合在肉兔中利用的优质饲草（表 4–22）。

表 4–22　不同替代比例草粉组对肉兔生长性能的影响

项目	不添加草粉组	10% 草粉组	20% 草粉组	30% 草粉组	40% 草粉组
始重（kg）	0.52	0.52	0.49	0.48	0.81
30 d 重（kg）	1.27	1.13	1.05	0.97	1.42
60 d 重（kg）	2.02	1.97	1.73	1.65	1.95
90 d 重（kg）	2.35	2.27	2.01	1.99	2.20
平均日增重（g）	20.31	19.56	16.91	16.79	15.50
平均日耗料（g/ 只）	75.03	70.62	73.61	70.42	75.86
料肉比	3.69	3.61	4.36	4.20	4.88
饲料成本（元 /kg）	2.75	2.55	2.10	2.30	1.90
增重成本（元 /kg）	10.15	8.93	9.15	9.65	9.27
肉兔价格（元 /kg）	18.00	18.00	18.00	18.00	18.00
毛利（元 / 只）	14.37	15.47	13.45	12.60	12.23

（引自李婷等，《饲料工业》，2013）

潘永全（1997）利用象草草粉替代肉兔日粮中的苜蓿粉，并对其生长、繁殖性能及血象进行观察研究。结果表明，分别用15%、30%象草草粉替换日粮中的苜蓿草粉，生长兔的日增重、饲料报酬均无显著性差异；用含30%象草草粉或苜蓿草粉的日粮分别饲喂繁殖母兔，其繁殖性能无显著差别；测定肉兔血象，含30%的象草草粉及苜蓿草粉加铜组，其指标均在正常范围内。总的结果表明，在日粮中，用30%象草草粉取代苜蓿草粉是可行的。

三、象草鲜草饲喂肉兔效果

试验选取35～40日龄体重相近、健康状况良好的断奶肉兔20只，随机分成两组，每组10只，公母各半。预饲1周后，逐只空腹称重进入正试期，正试期60 d。肉兔日喂2次，分别于8：00和17：00饲喂，日饲喂固定基础料（精料50 g/只），2组分别饲喂桂闽引象草鲜草和热研4号王草鲜草，肉兔自由采食、饮水。每日称其剩余草料，计算日采食量。结果显示，饲喂桂闽引象草组与饲喂热研4号王草组试验期总增重分别为1.39±0.16 kg、1.24±0.20 kg，差异不显著（$P>0.05$）；平均日增重分别为23.21±2.60 g、20.69±3.36 g，饲喂桂闽引象草组比饲喂热研4号王草组高2.56 g/（只·d），差异不显著（$P>0.05$）。从饲料利用率来看，饲喂桂闽引象草组料重比为2.96，饲喂热研4号王草组料重比为3.90，较饲喂桂闽引象草组耗料量增加了31.76%（表4–23）。

表4–23　饲喂桂闽引象草和热研4号王草对肉兔生长性能的影响

组别	初重（kg）	末重（kg）	总增重（kg）	日增重（g）	日采食量（g）		料重比
					精料	鲜草	
饲喂桂闽引象草组	0.92±0.06	2.31±0.20	1.39±0.16	23.21±2.60	50.00	87.86±0.85b	2.96
饲喂热研4号王草组	0.93±0.09	2.17±0.28	1.24±0.20	20.69±3.36	50.00	102.29±2.16a	3.90

注：同列不同小写字母表示差异显著（$P<0.05$）。

张玉讲（2012）也将新鲜象草与红薯藤、青杂草、狗牙根3种青饲料进行对72日龄的新西兰肉兔的饲喂比较，其中，精料组成为玉米30%、麦麸20%、米糠20%、豆粕10%、花生麸6%、啤酒糟6%、酵母粉6%、石粉1%、预混料10%；草料为上述4种青饲料，饲喂28 d。平均日增重中，红薯藤组为24.11 g、青杂草组为 23.61 g、狗牙根组为 23.29 g、象草组为 23.04 g，料重比分别为 3.78、3.96、4.02、4.19。红薯藤组的草料耗量最多、精料耗量最少，象草组的精料耗量比较多，狗牙根组的草料耗量最少。象草鲜嫩多汁，较狗牙根适口性更好一些。各组的增重、料重比和饲料报酬差异均不显著。兔子的营养物质主要来自日粮中的颗粒饲料，鲜草只是起到补充的作用。鲜草含水量高，干物质含量较少，摄入的营养物质相对较少，所以鲜草饲喂表现不出各自的优点。一般正规的处理是将干草打成粉掺入饲料中，或制成饲料颗粒饲喂兔子，这样干物质摄入量较多，摄入的营养物质也多，才能真正体现饲草价值。

四、象草用于兔养殖的建议

我国养兔业历史悠久，但对家兔饲料及其营养需求的研究起步较晚，传统的饲养方法是以草料为主。当前规模养兔业则推广应用以玉米－豆粕型日粮为主的全价颗粒饲料。在当前养殖业饲料资源普遍不足、价格高涨且养殖成本居高不下的形势下，如何降低饲养成本成为养殖业关注的热点。因而，对饲料资源包括能量饲料、蛋白饲料、粗饲料、矿物质饲料及添加剂的开发利用尤为重要。广大学者、养殖户已证实兔子对象草的消化利用率较高，象草可作为家兔养殖的优良饲料，但是象草含水量为 15%～20%，因此推荐以干草粉的形式添加到家兔日粮中。肉兔消化利用象草草粉的效果与象草的质地有关，质地较老的象草粗蛋白质等营养物质含量降低，粗纤维含量高，纤维木质化，不利于兔子消化吸收，因此一般建议在象草生长 60～90 d 后，即株高 1～1.5 m 时刈割制作草粉比较合适（潘永全，1997）。如此，既能提高象草的适口性，又能提高干物质采食量，增加营养物质摄入量。可以单一品种草粉添加，也可以与苜蓿或花生藤等干草粉混合添加，混合添加更能提高饲料适口性。一般粗饲料添加占日粮的比例为 30%～50%，这样能降低家兔养殖成本，促进养兔业的发展。

第五节　象草在鱼类生产中的应用技术

种植饲草养鱼主要是养草鱼和团头鲂，带养滤食性鱼和杂食性鱼。在淡水鱼类中，草鱼是经济价值较高的优质鱼之一，就全国池塘养鱼产量来看，由于鱼病的为害，草鱼产量仅占成鱼总产量的 15%。近年来，随着饲料工业的发展和草鱼疾病防治技术的日益成熟，主养草鱼作为经济效益高的一种养殖模式正在逐渐兴起。根据饵料种类的不同，主养草鱼可以分为 2 种模式。一是以人工投喂配合饲料为主，配合饲料占总投饵料的 80% ～ 100% 的精养模式；二是以投喂青饲料为主的生态养殖模式。2 种模式均可达到良好的养殖效果，从增重速度上比较则是精养模式明显快于生态养殖模式，但过于依赖配合饲料，容易造成过多脂肪在鱼肉、肠系膜及肝脏胰脏等处沉积，导致鱼肉品质低、口感差、鱼体利用率低。有关资料表明，在有条件种植的情况下，大比例提高人工饲草在饲料中的比重，有助于降低鱼肉的脂肪含量，提高鱼肉的氨基酸水平，改善鱼肉口感，增加鱼肉鲜味，从而达到改善鱼肉肉质的效果。

一、象草与其他品种饲草对比养殖草鱼效果

陈丽婷（2013）经试验比较桂牧 1 号杂交象草、美国矮象草、苎麻叶与配合饲料对草鱼塘养的影响。草鱼初始体重为 52 g 左右，150 d 的试验结果显示，草料对草鱼成活率没有影响，能显著减少草鱼粗脂肪含量，显著提高草鱼粗蛋白质含量以及肌肉中鲜味氨基酸含量和肠淀粉酶、肠脂肪酶、肠蛋白酶的活力，但草鱼增重率显著下降。对于套养鱼类鲢鱼、青鱼的增重率、特定生长率无显著影响，美国矮象草组套养的鳙鱼增重率、特定生长率显著高于其他 2 组，桂牧 1 号杂交象草组套养的鲢鱼成活率显著高于美国矮象草组和苎麻叶组。3 种粗饲料中桂牧 1 号杂交象草表现最优，投喂桂牧 1 号杂交象草的池塘中的鱼类总产量及效益最高。

二、投喂方式及饲料比例影响象草的养鱼效果

将桂牧 1 号杂交象草与配合饲料进行不同搭配，按照不同的方式投喂草鱼。其中配合饲料占草鱼体重的 2% ～ 5%，以 30 min 内吃完为宜，草料占草鱼体重的 5% ～ 15%，以 2 h 内吃完为宜。结果显示，桂牧 1 号杂交象草与配合饲料的不同比例搭配对草鱼的影响并没有构成规律性的变化，选用桂牧 1 号杂交象草搭配配合饲料，与全部投喂配合饲料相比，采用“上午投喂饲草，下午投喂饲料”的方式养殖草鱼能显著提高草鱼的生长性能，降低肌肉脂肪含量而提高肌肉嫩度，增加鲜味氨基酸含量，提高多不饱和脂肪酸含量，并且能有效提高养殖的经济效益（表 4–24）。

用象草饲喂鱼

表 4-24　饲草与配合饲料搭配喂养草鱼试验

饲料配比	投喂方式
配合饲料 1，饲草 0	全天投喂配合饲料
配合饲料 3/4，饲草 1/4	3 d 投喂饲草、1 d 投喂配合饲料
配合饲料 2/4，饲草 2/4	上午投喂配合饲料、下午投喂饲草
配合饲料 2/4，饲草 2/4	前 80 d 投喂饲料、后 80 d 投喂饲草
配合饲料 2/4，饲草 2/4	1 d 投喂饲草、1 d 投喂配合饲料
配合饲料 1/4，饲草 3/4	1 d 投喂配合饲料、3 d 投喂饲草
配合饲料 0，饲草 1	全天投喂饲草

（引自陈丽婷，湖南农业大学，2013）

三、不同品种象草饲喂草鱼效果

在鱼塘网箱内养殖草鱼，采用只投喂新鲜象草、不加饲料的方式，比较桂闽引象草、桂牧 1 号杂交象草及紫色象草对草鱼的生长影响。网箱规格为 4 m×4 m×1.5 m，水深 1.5 m，每个网箱养殖草鱼约 30 尾，每尾草鱼重约 0.25 kg。60 d 的饲喂效果表明，鲜草与残渣中的水分含量以桂牧 1 号杂

用象草饲喂鱼

交象草最高；从草鱼损失尾数来分析，以桂闽引象草组为最佳，损失最少，仅为2.56%，桂牧1号杂交象草组损失最高，为21.21%（表4–25）；从平均增重效果看，桂牧1号杂交象草组与桂闽引象草组相当，均为0.23 kg/尾，紫色象草组最低（表4–26）；而从饵料系数来分析，桂闽引象草组为最佳，为105.32，紫色象草组最高，为189.14。综合分析，生态养殖草鱼使用桂闽引象草效果比较好。因此，桂闽引象草是养殖草鱼较值得推荐利用的饲草品种。

表4–25　试验中各组死亡率

项目	桂闽引象草组	桂牧1号杂交象草组	紫色象草组
试验前（尾）	39	33	41
试验后（尾）	38	26	36
损失率（%）	2.56	21.21	12.20

表4–26　试验各组增重情况

项目	桂闽引象草组	桂牧1号杂交象草组	紫色象草组
试验前（每箱鱼重，kg）	34.55	28.05	37.05
试验后（每箱鱼重，kg）	42.55	28.10	37.25
平均增重（kg/尾）	0.23	0.23	0.13

经过多年的试验研究可知，矮象草也是适合我国广西等南方地区大面积淡水养鱼的优质饲料。以生长适应性、对土地肥力要求、耕作管理水平要求、单产量及草鱼的适口性5个指标作为评价因子，对矮象草等饲草进行加权评分（表4–27）。各评价因子分高、中、低3个等级，最低分从2分开始，每级3分，满分10分，即低级2～4分，中级5～7分，高级8～10分。再根据各评价因子在总体中的作用、影响大小分配加权系数（Σ=1）。

表4–27　矮象草等饲草筛选加权评分

编号	1	2	3	4	5	6
F（加权系数）	0.3	0.1	0.1	0.2	0.3	Σ=1
品种	是否适宜广西栽种	土地肥力要求	耕作管理水平要求	每公顷产量	草鱼适口性	评分
矮象草	3	0.7	1	1.8	2.1	8.6
华南象草	3	0.7	1	2	1.2	7.9
8493青饲类玉米	3	0.6	0.6	1.4	3	8.6

续表

编号	1	2	3	4	5	6
F（加权系数）	0.3	0.1	0.1	0.2	0.3	Σ=1
品种	是否适宜广西栽种	土地肥力要求	耕作管理水平要求	每公顷产量	草鱼适口性	评分
一年生黑麦草	1.2	0.3	0.4	1	2.7	5.6
多年生黑麦草	1.2	0.4	0.4	0.8	2.7	5.5
杂交狼尾草	3	0.7	1	2	1.2	7.9
宜安草	3	0.6	0.5	0.8	0.9	5.8
卡选 14 狗尾草	3	0.7	0.7	1.2	0.6	6.2
宽叶雀稗	3	0.6	0.5	0.8	0.9	5.8
新银合欢	3	0.7	0.7	0.6	2.4	7.4
华牧 1 号	2.7	0.4	0.4	0.8	2.1	6.4
小米草	1.2	0.4	0.4	0.8	1.5	4.3
格拉姆柱花草	3	0.6	0.7	1.4	0.6	6.3
苏丹草	1.8	0.7	0.7	1.4	2.1	6.7
浮萍	2.4	0.7	0.7	1.2	3	7.8

（引自赖志强等，《广西饲用植物志》(第一卷)，2011）

据试验，投放平均尾重为 225 g 的草鱼，饲喂矮象草后平均每尾日增重 7.74 g，比饲喂华南象草提高 26%；生长增重率达 87.45%，比饲喂华南象草提高 29.8%；饲料系数为 18.94%，比饲喂华南象草提高 18.94%；饲料效率为 5.28%，比饲喂华南象草高 29.7%。饲喂矮象草的鱼塘，产草食性鱼 3000 kg/hm^2 以上，同时带出杂食性鱼 3000 kg/hm^2 以上。

同样经过试验，饲喂桂牧 1 号杂交象草的草鱼日均增重 9.6 g/ 尾，比饲喂矮象草、杂交狼尾草的日均增重分别提高 43.9%、39.3%；生长增重率达 70.5%。饲喂桂牧 1 号杂交象草的饵料系数为 25.3，即 25.3 kg 草可饲养出 1 kg 草鱼，按照每公顷产 225 t 鲜草计算，种植 1hm^2 桂牧 1 号杂交象草可产草鱼 8893.5 kg。

四、象草用于鱼养殖的建议

草鱼单一采食配合饲料，摄食强度会随着养殖时间的增长而逐渐减弱，摄食时间也相应延长，青饲料与配合饲料搭配使用的日增重率及饲料使用率均比单一投喂配合饲料及青饲料高（廖秀林，1985）。因此象草养鱼可以将象草与配合饲料交替使用，即一天喂配合饲料，一天喂象草，或上午投喂配合饲料，下午投喂草料。配合饲料的投喂量占草鱼体重的2%～5%，象草鲜草投喂量一般占草鱼体重的5%～15%，精料以30 min内吃完为宜，草料以2 h内吃完为宜。同时，可以将象草打成浆，用于培育鱼苗和育种，以及培育虑食性、杂食性鱼的成鱼（杨华祝，1998）。

第六节　象草在家禽生产中的应用技术

一、象草养鹅

鹅属于草食家禽，从生理角度上看，鹅没有嗉囊，由纺锤形的食管扩大部承载较多的草料，而且胃肌特别发达，可容纳较多的沙粒，能对坚韧的草料进行机械性磨碎，胃肌的收缩力比鸭的大0.5倍，比鸡的大1倍，能有效裂解植物细胞壁，促进草料的消化分解。其消化生理决定了它对优质饲草具有较好的利用能力。鹅对玉米粉、豆粕粉、小麦麸、矮象草草粉粗纤维的消化率显著高于鸡，其中对象草粗纤维的消化率高达33.13%，饲草能促进鹅的生长发育（王瑞晓等，2001）。象草中以桂闽引象草为例，合浦狮头鹅对其各营养成分的消化代谢率较高，其中粗纤维代谢率达到25.34%，酸性洗涤纤维代谢率14.39%，中性洗涤纤维代谢率52.44%，钙代谢率18.86%、磷代谢率11.99%。由此可见，桂闽引象草能被肉鹅消化利用，可以作为肉鹅的优质饲草推广利用。

用象草饲喂鹅

1. 矮象草及其混合青饲料组合饲喂合浦狮头鹅试验

赖志强（1998）以合浦狮头鹅（狮头鹅与广西合浦本地鹅的杂交后代）为饲喂对象，比较矮象草、矮象草＋银合欢、水花生、构树叶、竹壳菜对30～70日龄鹅的养殖效果。其中精料补料量相同。每只鹅试验全期采食量为矮象草10.56 kg，混合组中矮象草7.19 kg、银合欢3.24 kg，水花生12.51 kg，构树叶4.43 kg。饲喂矮象草的鹅日增重最高，达41.15 g，比饲喂矮象草＋银合欢组高8.6%，比饲喂构树叶组高 38.41%，比饲喂水花生组高 80.4%。饲喂竹壳菜组在饲喂第 20 日开始掉膘。从鹅的代谢来看，矮象草干物质、能量代谢均最高，分别达 43.05% 和 46.91%，比其他组高 17.59% ～ 45.68% 和 17.26% ～ 25.71%。从经济效益看，饲喂矮象草组毛利最大，每只达 4.8 元，比饲喂矮象草 + 银合欢组高 11.92%，比饲喂构树叶组高 69.3%。

2. 矮象草草地牧鹅试验

赖志强（1998）针对鹅好游走和游牧采食的习性，以及矮象草植株较矮可放牧的特点，探索出一条更经济、更实惠、效益更好的养鹅路子。在对比研究饲喂了矮象草、矮象草 + 银合欢、水花生、构树叶、竹壳菜的基础上，将合浦本地鹅共 25 只从 20 日龄开始一般性放牧，25 日龄开始放牧于矮象草草地，时间为 20 d。采用小区条状轮牧，晚上适当补饲。全期总增重 26.7 kg，平均每只增重 1.1 kg，平均日增重 55 g/ 只，可见矮象草植株低矮，可以牧鹅。通过合理放牧后，草地没有受到破坏，且节省劳力，增强鹅体质，降低饲养成本。

3. 桂牧 1 号杂交象草等饲喂鹅试验

以广东阳江鹅为试验动物，开展桂牧 1 号杂交象草等饲喂肉鹅试验。试验结果显示，饲喂桂牧 1 号杂交象草组试验鹅总体重 33.45 kg，总增重 9.45 kg，平均每只增重 0.945 kg，平均日增 31.50 g；饲喂杂交狼尾草组试验鹅总体重 30.30 kg，总增重 6.65 kg，平均每只增重 0.665 kg，平均日增 22.50 g；饲喂矮象草组试验鹅总体重 32.40 kg，总增重 8.15 kg，平均每只增重 0.815 kg，平均日增 27.50 g（表 4–28）。三者相比较，饲喂桂牧 1 号杂交象草组的试验鹅平均日增重比饲喂杂交狼尾草组提高 40.0%，比饲喂矮象草组提高了 14.5%。

表 4–28　试验鹅摄食 3 种饲草的生产指标

饲草名称	总食草量（kg）	麦麸（kg）	大猪料（kg）	鹅始重（kg）	鹅末重（kg）	结对增重		平均日增重（g）	增重率（%）
						总重	只重		
桂牧 1 号杂交象草	157	31	27.5	24.00	33.45	9.45	0.945	31.50	
杂交狼尾草	157	31	27.5	23.65	30.30	6.65	0.665	22.50	+40.0
矮象草	157	31	27.5	24.25	32.40	8.15	0.815	27.50	+14.5

（引自赖志强等，《广西饲用植物志》（第一卷），2011）

4. 桂闽引象草等饲喂合浦狮头鹅试验

试验选取体重相似的3周龄合浦狮头鹅40只，随机分为2组，每组20只，公母各半，分别饲喂桂闽引象草和热研4号王草。试验鹅采取全舍饲养，白天地面平养，晚上网上平养，定时投喂，自由饮水。分别对试验鹅的生长性能、屠宰性能、消化代谢性能及血液生化指标等进行测试分析。

（1）试验鹅的日采食量及生长性能分析。饲喂桂闽引象草组日采食精料187.14 ± 15.26 g，草料312.38 ± 21.70 g，比饲喂热研4号王草组分别高3.94%、4.80%；饲喂桂闽引象草组平均日增重51.45 ± 1.74 g/只，与饲喂热研4号王草组相比高16.69%；将草料和精料换算成干物质计算料重比得出，饲喂桂闽引象草组料肉比为4.93 ± 0.18%，比饲喂热研4号王草组少耗料19.47%，差异显著（$P < 0.05$）（表4–29）。

表4–29　饲喂不同饲草的试验鹅生产性能比较

组别	初始体重（kg）	试验终重（kg）	平均日增重（g）	平均耗料量		料肉比
				精料（g）	草料（g）	
饲喂桂闽引象草组	1.20 ± 0.07	3.36 ± 0.09a	51.45 ± 1.74a	187.14 ± 15.26	312.38 ± 21.70	4.93 ± 0.18a
饲喂热研4号王草组	1.10 ± 0.06	2.95 ± 0.04b	44.09 ± 0.67b	180.05 ± 17.38	298.06 ± 18.53	5.89 ± 0.09b

注：同列不同小写字母表示差异显著（$P < 0.05$）。

（引自姚娜等，《中国草地学报》，2016）

（2）试验鹅的屠宰性能指标分析（表4–30、表4–31）。饲喂桂闽引象草组屠宰率为91.10 ± 6.02%、半净膛率为83.16 ± 2.51%、全净膛率为73.11 ± 2.79%，较饲喂热研4号王草组分别高9.47%、5.71%和7.40%，差异显著（$P < 0.05$）。饲喂桂闽引象草组胸肌率为5.63 ± 0.91%，较饲喂热研4号王草组提高了40.40%，差异显著（$P < 0.05$），而饲喂桂闽引象草组腿肌率为6.32 ± 0.94%，较饲喂热研4号王草组降低了18.51%，同样差异显著（$P < 0.05$），这可能是由于饲喂桂闽引象草组试验鹅的腿脂率比饲喂热研4号王草组的高，进而引起相应的腿肌率下降；从腹脂率指标来看，饲喂桂闽引象草组的腹脂率为0.60 ± 0.72%，较饲喂热研4号王草组的略有提高，但差异不显著（$P > 0.05$）。

2组试验鹅心脏相对比重占活体重的（0.80±0.10%）～（0.85±0.06%），肝脏相对比重占活体重的（1.82%±0.15%）～（2.08%±0.13%），腺胃相对比重占活体重的（0.48%±0.05%）～（0.52%±0.10%），肌胃的相对比重占活体重的（5.38%±0.88%）～（5.97%±0.40%），均无显著差异（$P>0.05$）。由此可见，饲喂2种象草对试验鹅各器官的生长发育没有明显影响。

表4-30　不同饲草品种对试验鹅屠宰性能的影响

组别	活体重（g）	胴体重（g）	屠宰率（%）	半净膛率（%）	全净膛率（%）	胸肌率（%）	腿肌率（%）	腹脂率（%）
饲喂桂闽引象草组	2861.87±85.81a	2611.67±127.47a	91.10±6.02a	83.16±2.51a	73.11±2.79a	5.63±0.91a	6.32±0.94b	0.60±0.72
饲喂热研4号王草组	2495.00±72.33b	2076.45±75.88b	83.22±4.37b	78.67±3.82b	68.07±3.83b	4.01±1.20b	7.49±0.72a	0.45±0.08

注：同列不同小写字母表示差异显著（$P<0.05$）。

（引自姚娜等，《畜牧与兽医》，2016）

表4-31　不同饲草品种对试验鹅脏体比的影响

组别	活体重（g）	心脏相对比重（%）	肝脏相对比重（%）	腺胃相对比重（%）	肌胃相对比重（%）
饲喂桂闽引象草组	2861.87±85.81a	0.85±0.06	1.82±0.15	0.48±0.05	5.38±0.88
饲喂热研4号王草组	2495.00±72.33b	0.80±0.10	2.08±0.13	0.52±0.10	5.97±0.40

（引自姚娜等，《畜牧与兽医》，2016）

（3）试验鹅的肉质物理分析及营养品质分析（表4-32）。饲喂桂闽引象草组与饲喂热研4号王草组胸肌肉色为（68.08±1.99）～（68.94±3.61），腿肌肉色较深，为（75.98±1.90）～（78.67±2.65），胸肌嫩度和腿肌嫩度为（25.10±3.58）～（28.13±3.27），饲喂桂闽引象草组胸肌和腿肌的嫩度略高于饲喂热研4号王草组的，但差异不显著（$P>0.05$）。饲喂桂闽引象草组试验鹅的肉品质在干物质含量、粗蛋白质含量及粗脂肪含量上较饲喂热研4号王草组的有所提高，但差异不显著（$P>0.05$）；在试验鹅肉肌苷酸含量上，饲喂桂闽引象草组试验鹅肉的肌苷酸含量为176.35±0.05 mg/100 g，较饲喂热研4号王草组的高31.21%，但差异不显著（$P>0.05$）。

表 4-32　不同饲草品种对试验鹅肉质物理性状及营养品质的影响

组别	肉色		嫩度（N）		干物质（%）	粗蛋白质（%）	粗脂肪（%）	肌苷酸（mg/100 g）
	胸肌	腿肌	胸肌	腿肌				
饲喂桂闽引象草组	68.08 ± 1.99	75.98 ± 1.90	28.13 ± 3.27	27.01 ± 0.16	22.00 ± 0.57	20.63 ± 0.10	3.09 ± 0.41	176.35 ± 0.05
饲喂热研 4 号王草组	68.94 ± 3.61	78.67 ± 2.65	28.00 ± 3.33	25.10 ± 3.58	23.18 ± 0.20	19.05 ± 0.19	2.21 ± 0.14	134.40 ± 0.49

（引自姚娜等，《畜牧与兽医》，2016）

（4）试验鹅的消化代谢性能分析（表 4-33）。适量的粗纤维含量可以改善饲粮结构，填充肌胃容积，刺激肠道蠕动，促进胃肠道消化液的分泌，有利于酶的消化作用，因此饲粮中适量的粗纤维含量对提升肉鹅饲粮各种养分的消化率具有一定的促进作用；但当饲粮中的粗纤维含量超过一定水平后，粗纤维会损伤畜禽肠道，还会表现出一定的抗营养作用，明显降低饲粮中纤维素及其他养分的消化利用效率。从肉鹅对桂闽引象草和热研 4 号王草各营养指标的消化代谢性能来看，肉鹅能够对 2 种象草的各类营养物质进行很好的消化代谢吸收，其中对桂闽引象草粗蛋白质、粗脂肪的消化代谢率为 62.34 ± 0.61% 和 48.93 ± 1.94%，均比对照品种热研 4 号王草有所提高，但差异不显著，这可能是热研 4 号王草的粗纤维含量高于桂闽引象草所致。从能量代谢的数据来看，饲喂桂闽引象草组的消化代谢率总能显著高于饲喂热研 4 号王草组的，这可能同样与日粮中纤维素含量有关。此前有报道称，饲料中的多种抗营养因子均会影响其营养物质的消化吸收，从而影响代谢能，其中日粮纤维素就与饲料的代谢能高度负相关。低纤维素对饲料能量代谢的影响不大，但纤维素的含量过高，甚至超过一定水平，则会降低饲料能量的利用效率。

表 4-33　试验鹅对 2 种供试饲草的养分消化代谢率

组别	粗蛋白质（%）	粗纤维（%）	粗脂肪（%）	酸性洗涤纤维（%）	中性洗涤纤维（%）	钙（%）	磷（%）	总能（MJ/kg）
饲喂桂闽引象草组	62.34 ± 0.61	25.34 ± 0.52a	48.93 ± 1.94	14.39 ± 2.26a	52.44 ± 0.85a	18.86 ± 0.61a	11.99 ± 2.92a	37.91 ± 0.34b
饲喂热研 4 号王草组	57.97 ± 4.03	17.33 ± 1.41b	44.83 ± 2.99	8.39 ± 3.26b	46.14 ± 1.56b	15.23 ± 4.04b	8.25 ± 1.35b	41.49 ± 0.70a

注：同列不同小写字母表示差异显著（$P < 0.05$）。

（引自姚娜等，《饲料工业》，2016）

鹅是典型的草食家禽，具有很好的耐粗性，且能利用饲料中的纤维素组分，这与其独特的消化道生理构造有关。首先鹅的肌胃发达，胃内常含有砂砾，且外表有一层坚硬的金黄色角膜，既能保护胃壁不受损伤，又能对采食的饲草等粗饲料进行机械磨碎，破坏植物细胞壁，从而消化吸收细胞内的营养物质。此外，鹅小肠液的微碱性环境和腺胃中的酸性环境，也有助于饲草中粗纤维的消化，最后再通过盲肠利用微生物酶的分解产物或微生物的代谢产物来分解粗纤维素和半纤维素。但鹅对饲草中的纤维素含量也有一定的极限要求。王宝维（2005）的研究发现，在一定范围的天然粗纤维水平下，五龙鹅对粗纤维、中性洗涤纤维和酸性洗涤纤维的消化率会随着日粮粗纤维含量的增加而增高。廖玉英等（2004）的研究结果表明，随着日粮中粗纤维含量的增高，纤维消化率会随之下降。适当地提高日粮中的粗纤维水平，可以增加家畜肠道内的微生物活动，从而使粗纤维的消化率提高，但肠道内的微生物量不会一直随着粗纤维水平的提高而增加，若超过了适宜的粗纤维水平，也会抑制粗纤维及其他养分的吸收利用。据研究表明，随着饲粮中粗纤维含量的升高，家畜对纤维素的消化率会随之下降，每升高 1%，其消化率便下降 1.5% ～ 2.5%。本试验中试验鹅对桂闽引象草和热研 4 号王草的纤维素组分（即粗纤维、酸性洗涤纤维、中性洗涤纤维）消化代谢率呈显著差异（$P < 0.05$），桂闽引象草的粗纤维消化率为 25.34 ± 0.52%，显著高于热研 4 号王草（17.33 ± 1.41%）46.22%；酸性洗涤纤维 14.39 ± 2.26%，较热研 4 号王草（8.39 ± 3.26%）高出 71.51%；中性洗涤纤维 52.44 ± 0.61%，较热研 4 号王草（46.14 ± 1.56%）高出 13.65%，这与 2 种象草的纤维素含量有着一定关联性。在日粮饲料纤维素水平相同的条件下，试验鹅分别饲喂 2 种饲草品种，饲喂热研 4 号王草组的粗纤维水平高于饲喂桂闽引象草组的，而桂闽引象草和热研 4 号王草都属于高纤维饲草品种，桂闽引象草纤维素含量为 35.70 ± 1.03%，热研 4 号王草的纤维素含量又显著高于桂闽引象草，致使试验鹅不能对热研 4 号王草的纤维素进行充分消化代谢。

（5）试验鹅的血液生化指标分析（表 4-34）。畜禽血清中的各项生化指标是其生命活动的物质基础，它既反映了畜禽的品种、年龄、性别及外界条件下的生理特征，也反映了畜禽机体内在生理机能与外在性状表现之间的关系。在畜禽的生产实践过程中，还可以根据这些指标及变化规律来判断畜禽机体内的各种生理活动和新陈代谢是否正常，间接地了解畜禽的生长、发育和健康状况，从而对畜禽养殖环境、饲料供给及营养水平调整提出科学的指导意见。

胆固醇（TC）和白蛋白（ALB）等血液生化指标能够反映畜禽的生长情况，胆固醇含量越高则畜禽的体重越低，与体重呈现显著的负相关性；白蛋白的含量越高则畜禽的体重越高，与体重呈正相关性。从试验鹅血清中的总胆固醇和白蛋白含量来看，饲喂桂闽引象草组试验鹅血清中的总胆固醇为 5.54 ± 0.56 mmol/L，较饲喂热研 4 号王草组低 24.73%，白蛋白含量为 20.60 ± 1.75 g/L，略高于饲喂热研 4 号王草组，但差异不显著（$P > 0.05$）。这两项血清指标的差异，正好印证了桂闽引象草的饲喂生长性能高于热研 4 号王草。

甘油三酯（TG）是血液中脂肪的重要组成部分，它反映了畜禽机体对脂类的吸收和代谢情况，其值越低，表明畜禽机体对脂肪的利用效率越高。饲喂桂闽引象草组试验鹅血清中甘油三酯含量比饲喂热研 4 号王草组低 9.09%，说明饲喂桂闽引象草的家禽对脂肪的利用效率高于饲喂热研 4 号王草的。

碱性磷酸酶（ALP）能水解磷酸核苷和磷酸单酯等化合物，具有促进骨盐沉积的作用；谷丙转氨酶（ALT）和谷草转氨酶（AST）都能起到转氨基作用，其酶活性越高说明蛋白质的合成和代谢情况越好。根据试验结果，饲喂桂闽引象草组试验鹅血清中碱性磷酸酶、谷丙转氨酶、谷草转氨酶、胆碱酯酶、乳酸脱氢酶等指标分别较饲喂热研 4 号王草组的高 16.18%、10.34%、26.65%、10.22%、20.89%，由此可见饲喂桂闽引象草能够促进畜禽体内各种酶的活性，提高机体新陈代谢率及营养物质的吸收。

尿素氮是蛋白质代谢的产物，其水平的高低是平衡蛋白质与氨基酸的重要指标，如果畜禽血清中尿素氮含量降低则说明畜禽机体内的蛋白质代谢良好。倘若尿素氮指标较高，则表明日粮中的碳水化合物缺乏，胃内的氮正处于负平衡状态。饲喂桂闽引象草组试验鹅血清中尿素氮的含量较饲喂热研 4 号王草组的降低了 12.60%，更进一步地说明鹅能够对桂闽引象草饲粮蛋白质及其他营养物质进行有效地吸收转化，代谢性能好。

表 4-34　不同饲草品种对试验鹅血液生化指标的影响

项目	饲喂桂闽引象草组	饲喂热研 4 号王草组
总蛋白 TP（g/L）	42.00 ± 2.46	51.27 ± 4.74

续表

项目	饲喂桂闽引象草组	饲喂热研 4 号王草组
白蛋白 ALB（g/L）	20.60 ± 1.75	20.40 ± 3.19
总胆固醇 TC（mmol/L）	5.54 ± 0.56	6.91 ± 0.39
甘油三酯 TG（mmol/L）	0.66 ± 0.09	0.72 ± 0.08
胆固醇、甘油三酯比值 TC/TG	8.84 ± 1.96	9.73 ± 0.59
谷丙转氨酶 ALT（U/L）	18.57 ± 2.95	16.83 ± 0.86
谷草转氨酶 AST（U/L）	22.67 ± 2.50	17.90 ± 4.55
谷草谷丙比值 AST/ALT	1.29 ± 0.27	1.06 ± 0.26
碱性磷酸酶 ALP（U/L）	670.33 ± 44.08	577.00 ± 65.04
胆碱酯酶 CHE（U/L）	1848.67 ± 130.92	1677.33 ± 234.50
乳酸脱氢酶 LDH（U/L）	488.00 ± 97.44	403.67 ± 118.38
尿素氮 Urea（mmol/L）	1.27 ± 0.24	1.43 ± 0.07
高密度载脂蛋白 HDL–C（mmol/L）	3.12 ± 0.26	4.12 ± 0.29
低密度载脂蛋白 LDL–C（mmol/L）	1.87 ± 0.32	1.99 ± 0.28

（引自姚娜等，《饲料研究》，2016）

（6）经济效益分析。从经济效益分析数据来看，根据 2014 年活鹅的平均市场价格 28 元 /kg、玉米 2.2 元 /kg、麦麸 2.0 元 /kg、米糠 1.7 元 /kg、豆粕 3.5 元 /kg、菜籽粕 2.5 元 /kg、棉籽粕 2.5 元 /kg、盐及饲料添加剂等 6.5 元 /kg、2 种象草鲜草 0.4 元 /kg 进行经济效益分析。从表 4–35 可以看出，饲喂桂闽引象草组的肉鹅平均纯收益高于饲喂热研 4 号王草组，每只肉鹅的纯收益为 36.44 元，比饲喂热研 4 号王草组的纯收益（28.72 元）提高了 26.88%。

表 4–35　经济效益分析

组别	总增重（kg）	总收益（元）	饲料成本（元）			纯收益（元）
			精料	草料	总成本	
饲喂桂闽引象草组	2.16	60.48	18.79	5.25	24.04	36.44
饲喂热研 4 号王草组	1.85	51.80	18.07	5.01	23.08	28.72

（引自姚娜等，《中国草地学报》，2016）

5. 紫色象草饲喂肉鹅试验

试验以紫色象草为青饲料源、热研 4 号王草为对照，饲喂 3 周龄的合浦狮头鹅 49 d，研究紫色象草对肉鹅生产性能、血清生化指标等方面的影响。结果显示，紫色象草营养品质高，粗纤维含量低，且富含原花青素等有益成分。在同等饲养管理条件下，肉鹅采食紫色象草的量大于热研 4 号王草，平均日增重达 50.97 g/ 羽，较对照组（44.09 g/ 羽）显著提高了 15.60%（$P < 0.05$，下同）；料重比为 5.03，比对照组少耗料 17.10%。饲喂紫色象草较饲喂热研 4 号王草更有利于提高肉鹅的屠宰性能，其屠宰率（86.22%）、半净膛率（76.09%）和全净膛率（69.13%）分别较饲喂热研 4 号王草组显著提高了 5.04%、14.13% 和 16.60%；在肉鹅胸肌、腿肌的物理性状肉色及嫩度上无显著差异（$P > 0.05$，下同），但在肌苷酸含量上存在一定差异，饲喂紫色象草组的肌苷酸含量（176.35 mg/100 g）显著高于饲喂热研 4 号王草组的。饲喂紫色象草的肉鹅血液生化指标良好，对其生长发育具有促进作用，平均纯收益为 35.61 元 / 羽，比饲喂热研 4 号王草组（28.41 元 / 羽）提高了 25.34%，养殖经济效益明显提高（表 4–36）。紫色象草营养品质高，适口性好，且富含原花青素等有益物质，能够有效促进肉鹅生长及提高其生产性能，养殖经济效益显著，可在肉鹅养殖业中推广应用。

表 4–36 紫色象草对肉鹅生产性能的影响

组别	初始体重（kg）	试验末重（kg）	平均日增重（g/ 羽）	平均耗料量（g/d）		料重比
				精料	青饲料	
饲喂紫色象草组	1.12 ± 0.09	3.26 ± 0.05a	50.97 ± 1.57a	185.25 ± 13.25	340.33 ± 10.22	5.03 ± 0.15a
饲喂热研 4 号王草组	1.10 ± 0.06	2.95 ± 0.04b	44.09 ± 0.67b	180.05 ± 17.38	298.06 ± 18.53	5.89 ± 0.09b

（引自姚娜等，《南方农业学报》，2016）

6. 象草用于养鹅的建议

象草一般采用鲜喂法，根据鹅的不同生长阶段、生产性能灵活运用。推荐使用的象草养鹅方法见表 4–37。

表 4-37　象草养鹅方法

生长阶段		草株高（cm）	切断长度（cm）	饲养方法
雏鹅	幼雏			出壳后 10 d 内的幼雏不宜饲喂
	中雏	25 ～ 30	2 ～ 4	按草与料 2∶1 比例拌匀，倒进食槽中让其自由采食，每天 5 ～ 6 次。中雏室应放置水槽
	大雏	40 ～ 50	15 ～ 20	除正常投喂精料外，每天补投青草 2 次，让鹅采食。象草用量为每只大雏鹅 0.2 kg 左右
后备种鹅		80 ～ 100	全草	后备种鹅投喂象草对增强鹅体质、提高种鹅繁殖性能极为重要。饲喂的原则是限饲初期（1 ～ 7 d）少给料不给草；限饲中期（8 ～ 20 d）不给料只给草；限饲后期（21 ～ 40 d）少给料多给草；补料期多给料少给草。当鹅的体重为 6 kg 以上时，在保证精料用量的同时，每只鹅每天投喂的象草应在 0.5 kg 以上
产蛋期种鹅		100 ～ 120	全草	饲喂优质饲草可以缩短种鹅休产期。母鹅每个产蛋年可分 4 个产蛋期（俗称“4 料”），必须保证母鹅的全产蛋年有足够的饲草供应。通常草料比为 1∶0.4。抢巢期的母鹅应圈养在水边，并饲喂足够的象草

（引自刘思扬等，《广东畜牧兽医科技》，2015）

二、象草饲喂鸡、鸭等家禽效果

鸡、鸭对草的消化利用能力不及鹅，但是鸡、鸭的食性比较杂，杂草、野草等青绿饲草都适合做鸡、鸭的饲料，尤其是在饲草鲜嫩时期适口性更好，可见鸡、鸭仍然具有一定的消化利用粗纤维的能力。饲草养殖鸡、鸭成为一项种养结合、降低养殖成本、提高肉类品质、增加经济效益、环境友好的综合农业技术，可带来明显的经济效益、生态效益和社会效益。

用象草饲喂鸡

但是饲草饲喂鸡、鸭只是作为一种补

充料，不可以饲喂过多，饲喂过多肯定会影响其生长。象草营养丰富，幼嫩时刈割叶量大，鲜嫩多汁，适口性好，消化率也较高，尤其是甜象草富含糖，是鸡鸭养殖的最佳选择。象草饲喂鸡、鸭，一是可以在象草地里放养，二是可以将象草打碎加工投喂进行规模化养殖。打碎后的象草可以制成颗粒饲料，比例是玉米粉35%、麦皮15%、豆粕15%、象草30%、盐2%、水3%，可以根据当地饲料原料价格调整比例。也可以将象草打浆后直接拌料饲喂，或揉搓粉碎后发酵再拌料饲喂。

由于鸡、鸭对植物饲料的真代谢能及内源能排泄量存在差异，尤其是高纤维的麦糠类饲料，鸭的能量利用率明显高于鸡，而鸡对于高纤维的麦糠类的真代谢能接近于负值，而鸭能消化利用（宋代军等，2000）。棉籽粕的添加对肉鸭日增重、体重和胴体指标影响不显著，肉鸭日粮中其添加量在10%以内；米糠粕添加试验表明，在肉鸭不同生长阶段的日粮中分别添加10%、20%和20%的米糠粕对肉鸭的生产性能无任何影响（宋建强，2011）。日粮中添加松针粉使粗纤维含量为4.7%时，对24周龄开始添加饲喂的固始鸡体重没有显著影响，鸡对粗饲料的耐受力可通过长期饲喂高纤维粗饲料的方式来提高（曹向阳等，2010）。关于象草在鸡鸭日粮中的推荐添加量，鸡的不超过日粮的5%，鸭的不超过15%。

第七节　象草在猪生产中的应用技术

猪属于单胃耗粮型动物，开发象草在单胃动物上的应用，拓宽象草的应用渠道，增加猪的日粮来源，有利于降低饲养成本，对节粮型畜牧业的发展具有重大意义。近年来，对象草、甜菜粕等粗饲料养猪的报道逐渐增多，出发点是围绕不同植物来源的粗纤维对养猪效果进行研究。猪具有一定的消化粗纤维的能力，尤其是母猪，对粗纤维的消化利用能力更强。适当地添加粗纤维有利于改善猪的肠道环境，保持肠道健康，降低饲养成本，同时对猪的生长性能影响不大，还可改善其胴体品质，提高肌肉蛋白含量。研究发现6%左右的粗纤维对猪的生长性能影响不大，可改善猪肉品质，降低脂肪率，提高肉蛋白含量，超过8%的粗纤维则会对猪产生负面影响（潘雪梅，2018）。象草营养品质较好，鲜草产量高，鲜嫩时刈割粗蛋白质含量可为13% ~ 15%，粗纤维含量25%左右，可作为优质饲草以草浆或发酵料的形式添加到猪饲养日粮中。

用象草饲喂猪

一、象草在育肥猪中的应用

用象草饲喂猪

由于现代瘦肉型猪对饲料的转化率呈先高后低的规律，一般采用直线育肥方式。直线育肥方式能维持饲料能量水平和蛋白含量随着日龄的增加而下降，育肥中期不减料，符合猪的一般生长规律，并能发挥猪的生产潜力。根据育肥猪饲料配方标准，正式育肥期为3～4个月。日粮水平分别为育肥前期，育肥猪体重为20～60 kg，饲料粗蛋白质含量为16%～18%，消化能为3.1～3.2 kJ；育肥后期，育肥猪体重为61～100 kg，饲料粗蛋白质含量为13%～14%，消化能为3～3.1 kJ。

1. 象草鲜草浆饲喂育肥猪效果

潘雪梅（2016）将新鲜桂闽引象草采用边打浆边加水的方式进行加工制作，

草和水的比例为 1 ：0.5，按照育肥猪不同日龄添加不同的分量与基础日粮充分混匀再投喂，从 85 日龄到 175 日龄出栏，共 90 d（表 4–38）。饲喂效果显示，采用桂闽引象草草浆饲喂育肥猪增重明显，饲喂草浆平均增重为 71.73 kg，采用常规日粮饲喂增重则为 70.84 kg，即饲喂草浆的增重提高了 1.26%。与此同时，试验期间采用桂闽引象草草浆饲喂每头猪可节省 5.65 kg 的日粮，产生了一定的经济效益。

表 4–38 85 ～ 175 日龄草浆养猪日喂量表

日龄（d）	草浆日喂量（kg）
85 ～ 100	0.25
101 ～ 130	0.50
131 ～ 160	1.00
161 ～ 175	0.50

（引自潘雪梅，《福建畜牧兽医》，2016）

2. 发酵象草饲喂育肥猪效果

周晓情等（2020）将新鲜桂闽引象草经阴干控水后进行切碎揉搓，添加增香青贮微贮剂进行 45 d 发酵后，按 10%、15%、20% 比例添加到育肥猪全价日粮中。全价日粮参照我国肉脂型生长育肥猪饲养标准设计，其中玉米 64%、豆粕 16%、麦麸 7%、米糠 9%、预混料 4%；营养水平为消化能 13.21 MJ/kg、粗蛋白质 14.79%、粗脂肪 4.37%、赖氨酸 0.79%、钙 0.88%、磷 0.53%。育肥猪 30 ～ 40 kg 时开始饲喂，饲喂 120 d 出栏，出栏体重为 113 ～ 119 kg。结果显示，添加发酵象草饲喂的育肥猪平均日增重都低于全价日粮组，象草添加组的料重比均高于全价日粮组，但差异不显著（$P > 0.05$）。猪群日粮中添加一定比例的发酵桂闽引象草，对猪群的生长性能影响效果不明显，但是对猪的屠宰性能和肉质有一定的提高作用，其中以 10% 的替代比例综合作用效果最佳，屠宰率提高了 2.47%，瘦肉率提高了 3.22%，血液指标差异不显著。在猪生产中，使用发酵象草替代一定比例的全价日粮，可起到减少饲料成本的作用。

3. 发酵象草对桂科黑猪育肥后期的应用效果

在桂闽引象草和紫色象草株高为 1.5 m 左右时进行收割，直接将新鲜象草揉丝粉碎，加入豆粕、玉米粉及益生菌强微 99 进行发酵，饲喂 65 kg 左右的桂科黑猪 63 d，日粮组成为发酵象草 10% ～ 20%、玉米 60% 左右、豆粕 17% 左右、麦麸

4.5% 左右、预混料 3.2% 左右。试验结束后，育肥猪平均体重为 102.8 kg，平均日增重 586.9 g/ 头。其中以添加 20% 的发酵象草效果比较好，日采食量、日增重、眼肌面积、瘦肉率均有增高趋势，精料料肉比、膘厚均降低。紫色象草对育肥猪生长性能的影响效果较桂闽引象草的稍好，添加 20% 的发酵紫色象草可在一定程度上改善猪肉品质，使膘厚降低，瘦肉率提高，以系水力和剪切力衡量的猪肉嫩度得到提高，影响猪肉口感的 4 种鲜味氨基酸含量有所提高。经济效益上，添加 20% 的发酵紫色象草能提高日粮适口性，大大提高采食量，促进肉猪生长，日增重 694.05 g/ 头，每生长 1 kg 耗精料 3.54 kg，比对照组不添加象草的耗精料量降低 11.72%（表 4–39）。可见，对于育肥后期，即体重 65 kg 以上的育肥猪，象草添加量达到 20%，育肥效果比较显著，尤其是紫色象草，值得在育肥猪生产中推广利用。

表 4–39　不同发酵象草对育肥桂科黑猪生长性能的影响

组别	初始重（kg）	末重（kg）	日采食（kg）	日增重（g）	料肉比	精料 + 草料
CK	69.72 ± 3.43a	103.22 ± 3.59ab	2.13 ± 0.04c	531.75 ± 9.98bc	4.01	4.01+0.00
TG1	66.94 ± 2.69ab	101.06 ± 1.92abc	2.42 ± 0.10bc	541.59 ± 22.28bc	4.46	4.01+0.45
TG2	66.02 ± 2.52ab	102.76 ± 4.03ab	2.74 ± 0.13ab	583.17 ± 27.21bc	4.70	3.99+0.71
TG3	66.98 ± 2.15ab	104.70 ± 5.19ab	2.93 ± 0.24a	598.73 ± 49.23b	4.89	3.91+0.98
TG4	63.90 ± 2.30ab	96.48 ± 2.26bc	2.24 ± 0.03c	517.14 ± 7.78bc	4.33	3.90+0.43
TG5	61.00 ± 2.09b	91.40 ± 3.22c	1.97 ± 0.17c	482.54 ± 40.51c	4.07	3.46+0.61
TG6	65.08 ± 1.55ab	108.80 ± 3.06a	3.08 ± 0.21a	694.05 ± 47.64a	4.43	3.54+0.89

注：CK 组单纯饲喂基础饲料，TG1、TG2、TG3 组分别在基础日粮中添加 10%、15%、20% 的发酵桂闽引象草，TG4、TG5、TG6 组分别在基础日粮中添加 10%、15%、20% 的发酵紫色象草。

二、象草在母猪饲养中的应用

1. 新鲜象草草浆饲喂怀孕母猪效果

新鲜桂闽引象草打浆，按照象草干物质含量 10% 计算，等量减少常规日粮量，即母猪饲喂量为每日 4 kg 象草，等量减少日粮量 0.4 kg，与日粮混匀后，饲喂受孕后的约克夏母猪至怀孕 80 天。根据顺土发家畜（猪）便捷育种定制软件中饲料配方系统计算，日粮消化能 11.75 MJ，粗蛋白质 11.64%。替代组配方结构为玉米66.4%、麦麸7%、豆粕3%、桂闽引象草干物质20%、鱼粉1%、磷酸氢钙1.7%、石粉0.4%、盐0.5%。基础日粮组配方结构为玉米70%、麦麸4%、米糠15%、豆粕7%、鱼粉1.4%、磷酸氢钙1.7%、石粉0.4%、盐0.5%。结果显示，采用桂闽引象草草浆饲喂怀孕约克夏母猪能够明显提高母猪产仔性能。添加象草草浆平均窝产活仔数为9.0172头，常规日粮饲喂则为8.0676头，提高了11.77%，差异显著（$P < 0.05$）。与此同时，采用象草草浆饲喂怀孕母猪，每头可节省32 kg日粮，对母猪生产可产生较好的经济效益（沈华伟，2016）。

2. 新鲜象草饲喂怀孕至产仔断奶母猪效果

赖志强等（1995）研究表明，6月种植、8月开始分批刈割的矮象草，鲜草干物质含量13.7%、粗蛋白质含量13.3%、粗纤维含量28.51%。利用矮象草饲喂杜洛克母猪，从母猪怀孕第50天开始至仔猪42 d断奶，每日2餐，粉料拌湿生喂，每餐喂完配合饲料后再喂定量鲜饲草，每头母猪每天新鲜象草饲喂量为1.5 kg。基础日粮配方均为玉米50%、麦麸23%、豆粕5%、花生饼5%、肉骨粉5%、鱼粉2%、菜籽饼5%、土霉素渣2%、添加剂3%，日粮消化能2.73 Mcal/kg，粗蛋白质15%。结果显示，饲喂象草对42日龄窝活仔数无影响，该日龄的窝重及平均每窝增重均得到提高，分别提高了2.32 kg、3.29 kg，育成率由68.87%提高到82.02%。哺乳期间，每头母猪每天少喂配合饲料0.2 kg，一个繁育周期节约了8.4 kg精料，每窝仔猪多增重2.32 kg，每头母猪所获毛利增加20.47元（按试验期小猪时价8.07元/kg计）。因此，在母猪日粮中减少6%～8%的精料，添加部分鲜嫩矮象草，可起到降低成本、提高经济效益的作用。

3. 桂闽引象草对母猪繁殖性能的影响效果

卓坤水（2006）选取2～8胎长大二元母猪，哺育期21～28 d，按断奶先后随机分为对照组、试验Ⅰ组、试验Ⅱ组、试验Ⅲ组。试验分6个区组进行，预试期以空怀期（7 d内为限）过渡，超过7 d不发情的母猪不参试，参试母猪（配种）共140头次，试验期均为妊娠期前60 d。对照组饲喂全基础日粮，试验Ⅰ组、试验Ⅱ组、试验Ⅲ组饲粮由基础日粮和桂闽引象草组成。每天每头增重分别为1.55+2 kg、1.35+4 kg、1.15+6 kg。经计算，各组饲粮中粗纤维含量分别为6.37%、8.81%和11.24%。配种后第61天开始至分娩，各组均按常规方法饲喂配合饲料，不再饲喂桂闽引象草。结果表明，参试母猪（配种）共140头次中，分娩母猪

123头次。各试验组与对照组相比，分娩率提高了2.37%～4.05%，窝产仔数增加了0.76～1.49头，窝产活仔数增加了0.88～1.71头，差异显著（$P < 0.05$）（表4-40）。

表4-40　各组母猪生产情况统计分析

组别	配种母猪（头次）	分娩母猪（头次）	分娩率（%）*	产仔总数	产仔数（头）	活仔总数	活仔数（头）
对照组	37	32	87.33 ± 1.18Aa	298	9.31 ± 1.55Aa	278	8.69 ± 1.28Aa
试验Ⅰ	34	30	89.40 ± 1.11b	302	10.07 ± 1.66a	287	9.57 ± 1.28b
试验Ⅱ	35	31	89.59 ± 0.84B	328	10.58 ± 1.46B	313	10.10 ± 1.11B
试验Ⅲ	34	30	90.87 ± 1.15B	324	10.97 ± 1.43B	312	10.50 ± 1.08B

注：*表示6次重复的平均值。同类数值上标有相同小写字母表示差异不显著（$P > 0.05$），有不同小写字母表示差异显著（$P < 0.05$），有不同大写字母表示差异极显著（$P < 0.01$）。

（引自卓坤水等，《2006中国草业发展论坛论文集》，2006）

三、象草用于养猪的建议

象草饲喂育肥猪，按照干物质折算，一般以10%的日粮替代量添加比较合适，育肥后期可将草料比例提高到20%，以草浆或添加微生物发酵剂发酵后的形式添加，草和水的比例为1∶0.5，能提高肉猪的屠宰性能及猪肉品质，对生长性能影响不大，可降低育肥猪饲养成本。母猪从怀孕到哺乳期均可添加象草进行饲喂，添加量按干物质折算为10%或每头母猪每天饲喂1.5 kg鲜草，可以提高母猪窝育成率以及窝仔猪重，增加毛盈利，降低饲养成本，提高经济效益。

【参考文献】

［1］曹向阳，康相涛，田亚东，等．长期饲喂高纤维饲粮对固始鸡血清生化指标、屠宰性能和肉品质的影响［J］．江苏农业科学，2010（6）：301-305.

［2］陈丽婷．3种优质青饲料对草鱼饲养效果及投喂技术研究［D］．长沙：湖南农业大学，2013.

［3］邓素媛，易显凤，黄志朝，等．新西兰肉兔对紫色象草表观消化率的研究［J］．黑龙

江畜牧兽医，2019（16）：151-154.
[4] 谷子林，陈赛娟，刘亚娟，等.2011年国内家兔饲料资源开发与营养研究进展[J].饲料工业，2012，33（5）：1-5.
[5] 何立贵，何莫斌，李显，等.微贮玉米秸秆饲喂努比亚山羊的效果研究[J].四川畜牧兽医，2018，45（10）：30-32.
[6] 黄峰岩，甘兴华，黄珍.南方种草养牛的典型案例[J].中国牧业通讯，2011（11）：77-78.
[7] 黄香，文信旺，吴亮，等.桂牧一号杂交象草对奶牛生产性能影响的试验[J].广东畜牧兽医科技，2009，34（5）：27-28.
[8] 黄雅莉，邹彩霞，夏中生，等.啤酒糟替代豆粕、木薯渣替代象草的饲粮组合对泌乳水牛产奶性能的影响[C]//中国畜牧兽医学会动物营养学分会.中国畜牧兽医学会动物营养学分会第十一次全国动物营养学术研讨会论文集.北京：中国农业科学技术出版社，2012：203.
[9] 赖志强，黄敏瑞.用矮象草喂母猪的试验[J].广西畜牧兽医，1995（2）：23-24.
[10] 赖志强，周解，潘圣玉，等.矮象草饲喂猪牛鹅兔鱼试验简报[J].广西农业科学，1998（1）：3-5.
[11] 李婷，易显凤.桂牧1号杂交象草对肉兔的饲用价值[J].饲料工业，2013，34（17）：57-60.
[12] 廖秀林.颗粒饲料、青饲料单一饲养与混合饲养草鱼种效果的试验[J].湖南水产，1985（3）：23-25.
[13] 刘思扬，林澄丰，刘继鹏，等.杂交狼尾草及其在养鹅中的应用经验[J].广东畜牧兽医科技，2015，40（2）：50-52.
[14] 刘亚娟，陈赛娟，陈宝江，等.2012年国内家兔饲料资源开发与营养研究进展[C]//河北省畜牧兽医学会.“创新技术与管理，迎接畜牧业面临新挑战”论文集.今日畜牧兽医（增刊），2013：36-39.
[15] 马元，王芳彬，兰菁.黑色努比亚山羊（金堂黑山羊）在陇西地区的饲养观察[J].甘肃畜牧兽医，2017，47（5）：96-97.
[16] 潘雪梅.饲料中添加桂闽引象草草浆对肥育猪增重影响的研究[D].苏州：苏州大学，2018.
[17] 潘永全，韦克，吴登虎.象草粉应用于实验兔日粮的初步研究[J].中国养兔杂志，1997（3）：21-25.

[18] 沈华伟．饲喂桂闽引象草草浆对母猪窝产活仔数的影响[J]．当代畜牧，2016(12)：54-55.

[19] 宋代军，王康宁，杨凤，等．鸡鸭植物饲料 TME 的差异［C］//中国畜牧兽医学会动物营养学分会．中国畜牧兽医学会动物营养学分会第六届全国会员代表大会暨第八届学术研讨会论文集（上）．哈尔滨：黑龙江人民出版社，2000：8-13.

[20] 宋建强．非常规饲料原料在肉鸭日粮中的应用［D］．泰安：山东农业大学，2011.

[21] 王郝为，王启业，吴端钦．刈割高度对象草营养成分及饲用价值的影响分析［J］．中国饲料，2018（3）：73-75.

[22] 王坤，周波，穆胜龙，等．不同微生物处理甘蔗尾叶青贮对努比亚山羊生长性能、养分消化和瘤胃发酵的影响［J］．中国畜牧杂志，2020，56（4）：87-91.

[23] 王启芝，黄光云，梁琪妹，等．广西 17 种非粮饲料资源营养价值监测［J］．粮食与饲料工业，2018（4）：47-50.

[24] 王瑞晓，郑诚．鹅、鸡对不同饲料养分利用率的比较测定[J]．中国饲料，2001(19)：8-9.

[25] 王玉麒，张斌文．甜象草饲喂奶牛试验研究［J］．畜牧兽医科技信息，2016（5）：13-14.

[26] 武婷婷．非常规饲料资源在肉牛育肥中的应用与典型日粮配方的研究［D］．南宁：广西大学，2018.

[27] 杨华祝．综合养鱼的原理和实用技术讲座［J］．科学养鱼，1998（6）：3-5.

[28] 姚娜，赖志强，滕少花，等．台湾象草饲喂山羊的效果［J］．中国草地学报，2014，36（3）：112-115.

[29] 姚娜，滕少花，赖志强，等．桂闽引象草对泌乳期娟姗奶牛产奶量及乳品质的影响[J]．中国草地学报，2015，37（2）：117-120.

[30] 姚娜，王之飞，丘金花，等．桂闽引象草对肉鹅消化代谢性能的影响[J]．饲料工业，2016，37（7）：18-21.

[31] 易显凤，周恒，史静，等．紫色象草饲喂山羊效果分析［J］．饲料研究，2017（6）：48-52.

[32] 易显菊，易显凤，赖志强，等．肉兔对桂闽引象草营养成分的消化试验［J］．广西畜牧兽医，2014，30（5）：227-229.

[33] 俞文靓，王超，易显凤，等．用体外发酵法评价亚热带几种常用反刍动物饲料的营养价值［J］．中国畜牧兽医，2019，46（12）：3530-3537.

[34] 俞文靓，庞天德，易显凤，等．全混合发酵饲料对肉用水牛生长、消化及血清生化指标的影响［J］．饲料工业，2020，41（3）：45-48.

[35] 张吉鹍，邹庆华，张鸩，等．奶牛粗饲料纤维品质的综合评定研究［J］．中国奶牛，2009（1）：20-22.

[36] 张玉讲．四种青饲料对兔增重效果的分析［J］．中国畜禽种业，2012，8（1）：90-91.

[37] 周璐丽，周汉林，王定发，等．日粮添加发酵木薯副产物饲喂海南黑山羊的试验效果［J］．家畜生态学报，2018，39（3）：65-68.

[38] 周晓情，滕少花，肖正中，等．发酵桂闽引象草对桂科猪生长性能、屠宰性能及血液生化指标的影响［J］．饲料研究，2020，43（3）：53-55.

[39] 周志扬，黄丽霞，周俊华，等．不同日粮组成对关中奶山羊断奶后初步育肥的影响［J］．饲料研究，2016（19）：29-31.

第五章　象草在生态修复中的应用技术研究

植物生态修复是一项低成本高效益的绿色技术，是一个多维的和清理环境污染物的过程，利用了某些植物物种可从受污染的土壤和废物中吸收、代谢、积累和解毒重金属或其他有害有机或无机污染物的能力，对自然突变和人类影响下受到破坏的自然生态系统进行恢复和重建。

第一节　象草对土壤重金属污染的生态修复应用

在养殖业高速发展的今天，集约化的生产模式已经十分普遍，在这种养殖的模式下，大量的家畜粪便成为养殖户的负担。近年来，随着国家大力推进南方现代草地畜牧业，高产饲草生产对有机粪肥的需求激增，两者之间结合形成了一种“猪—沼—草”的循环生产模式。在这种生产模式中，铜、锌等微量元素常用于调节动物代谢而添加于饲料中，畜禽对这些重金属的消化吸收利用率低，75% ～ 99% 的重金属未被利用而随畜禽粪便排出体外，导致畜禽粪便重金属含量普遍超标。黄玉溢等采集广西集约化养殖场 35 个猪饲料和 47 个猪粪便样品，对其铜和锌含量进行了测定，发现猪饲料和猪粪便中铜、锌含量严重超标。大量的重金属元素随着粪便的施用进入土壤生态系统，进而影响到土壤上生长的饲草。有研究表明，采用重金属含量超标的畜禽粪便改良土壤是重金属输入农业用地的主要途径。这种循环模式下所生产的饲草也许并不适用于家畜的饲养，用这种饲草饲喂会使更多重金属富集在家畜体内，导致更大的畜产品重金属危害。

重金属具有隐蔽性强、半衰期长、毒性大、难清除等特点，有很大的可能性进入食物链，进而危害人类健康。目前，关于重金属污染治理的方法有很多，其中最为高效、环保和低成本的是生物修复方法，采用这类方法的关键是筛选具备较高抗逆性、高富集力和转运能力的植物。因此，越来越多的超富集植物引起人们的广泛重视。然而许多超富集植物往往生长缓慢、生物量小、生长周期长、抗逆性差，不具备机械化、规模化的收获和处理回收的条件，如果处理不当，不仅不能把重金属带出生物循环，反而会再次将重金属带入食物链。所以，寻找适应性强、生长快速、生物量大、抵抗力强、重金属富积量大的植物成为重金属污染治理的研究热点。而作为重金属富集的生物修复植物，不仅需要有较强的富集能力，其种植的经济成本和所产生的经济价值同样制约着其作为修复植物的推广。

象草是一种高产、可多次收获的狼尾草属植物，有利于机械化操作和集中处理，普遍分布在中国的南方地区。象草作为一种能源植物进行利用，可以跳出饲喂循环，为其作为土壤重金属抽排媒介植物提供了可能性。目前关于象草对重金属的富集作用的研究多集中在土壤修复方面。刘影等的研究表明，在铅锌矿区重金属复合污染的土壤中象草能够正常生长，并可用于以铅污染为主的重金属土壤修复；李翠等的研究表明，狼尾草对锌的吸收能力较强，胁迫浓度的提高并没有对狼尾草造成更大的损伤，对于锌污染土壤修复方面具有较好的应用前景；陈锦等的研究表明，狼尾草在重污染土壤（镉含量为 5.42 mg/kg）中能够良好生长，表现出较好的土壤修复潜力。不过关于象草对农用土地中的重金属抽排作用和其循环利用过程的安全性研究较少。

广西壮族自治区畜牧研究所以广西地区“猪—沼—草”模式下种植的象草为研究对象，通过 3 个象草品种在不同施用水平（0、20%、30%、40%、50%）的猪粪条件下开展盆栽试验，观察饲草生长状况及饲草对猪粪中铜、锌、汞、铅、砷、锰 6 种重金属元素含量的吸收和积累特性，研究此模式下所种植象草的饲用安全性，并且探究其作为土壤重金属抽排媒介植物的可能性，为该模式中重金属的循环过程研究提供一定的参考。

试验在广西壮族自治区畜牧研究所牧草试验基地内进行，采取裂区设计，4 次重复，主因素为不同的象草品种（紫色象草、桂牧 1 号杂交象草、桂闽引象草），副因素为 5 种不同的猪粪施用量（0、2 kg、3 kg、4 kg、5 kg）处理。猪粪采用平地自然堆置发酵法，堆放 30 ～ 50 d，直至成熟；取试验基地内土壤风干过滤并搅拌均匀，猪粪和土壤抽样的重金属含量见表 5–1；取不同施用量的猪粪与土壤混合后放入大型育苗盆，每个育苗盆装粪肥和土壤共计 10 kg，猪粪所占的含量分别为 0、20%、30%、40%、50%；各育苗盆间保持 2 m 的距离，浇水并保持土壤湿度为田间持水量的 60% ～ 70%。分别取 3 种象草大小均一的种茎节进行繁殖，待饲草出苗成活后进行匀苗，在每个重复内保留 1 个长势相近的幼苗进行试验。此外，定期观察和进行杂草防治，避免其他因素对植株生长造成影响。

表 5-1　猪粪和原始土壤中的养分及重金属含量

类别	有机质(g/kg)	pH值	养分含量			重金属元素含量（mg/kg）					
			全氮(g/kg)	有效磷(mg/kg)	速效钾(mg/kg)	Cu	Zn	Hg	As	Pb	Mn
猪粪	11.3	8.30	3.26	273.4	272.6	159.23	1095.0	0.0966	1.58	1.7	403.7
土壤	17.4	5.05	1.29	33.7	57.8	41.00	332.0	0.0938	8.60	27.7	218.0

一、粪肥施用量对各象草品种地上生物量的影响

不同的肥量水平下，3个品种象草的株高和地上生物量呈现一定的上升趋势，但各处理间无显著差异（$P > 0.05$）。其中，紫色象草的株高为333.7～363.1 cm，单株地上生物量为173.8～233.5 g；桂牧1号杂交象草的株高为328.0～356.4 cm，单株地上生物量为180.7～216.9 g；桂闽引象草的株高为333.2～369.2 cm，单株地上生物量为176.5～252.6 g。比较3个品种的象草，平均株高由高到低的顺序为桂闽引象草>紫色象草>桂牧1号杂交象草，地上生物量的平均值由大到小的顺序为紫色象草>桂闽引象草>桂牧1号杂交象草。

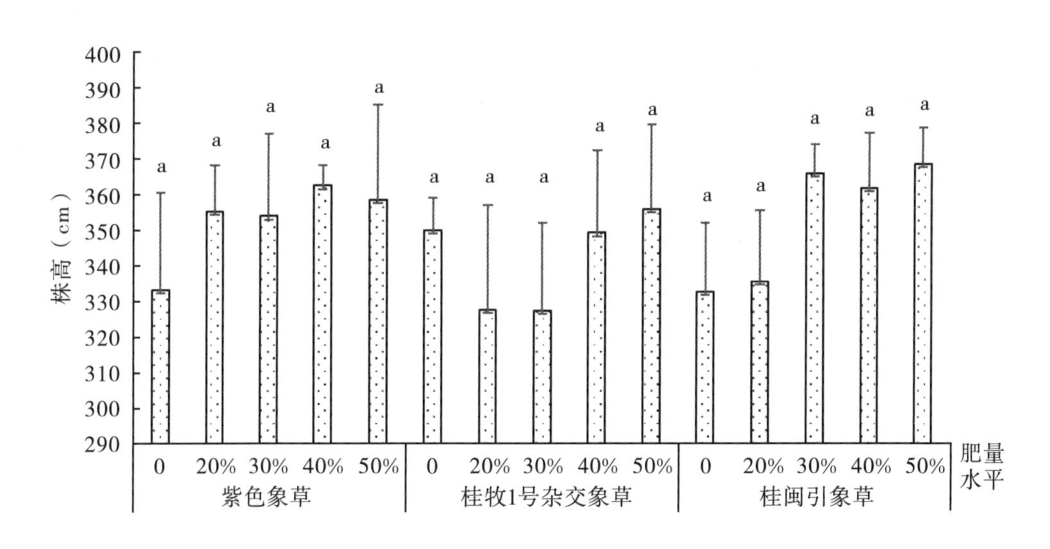

3个象草品种在不同肥量水平下的株高

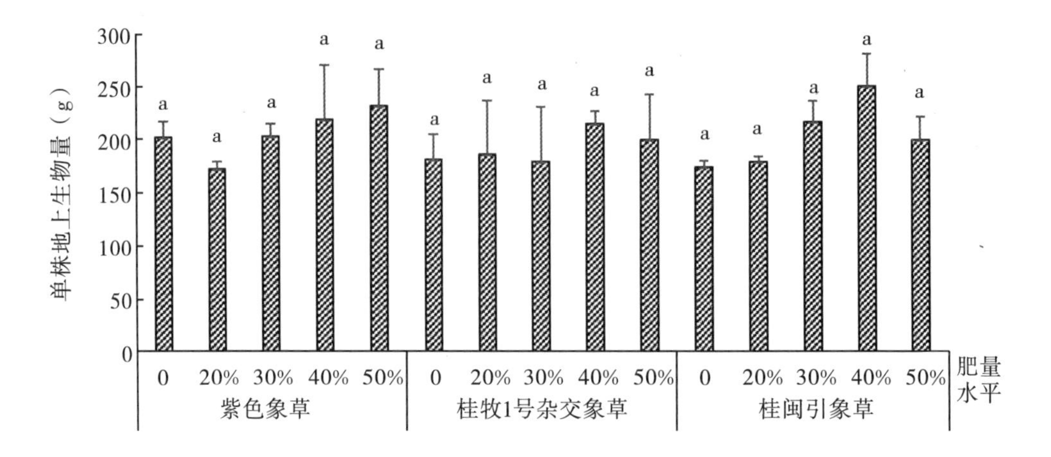

3 个象草品种在不同肥量水平下的单株地上生物量

二、粪肥施用量对土壤重金属含量的影响

随着粪肥施加水平的增加，土壤中的重金属铜、锌、锰的含量呈现上升趋势，铜、锌、锰元素的变化范围分别为 37.20 ～ 97.83 mg/kg、250.00 ～ 635.00 mg/kg、228.33 ～ 354.67 mg/kg，且差异显著（$P < 0.05$）；汞的含量无明显变化趋势，各肥量水平处理间无显著差异（$P > 0.05$）；砷的含量呈现下降趋势，变化范围为 7.79 ～ 9.44 mg/kg，30%、40% 和 50% 肥量水平和对照差异显著（$P < 0.05$）；铅的含量呈下降趋势，变化范围为 25.03 ～ 28.37 mg/kg，肥量水平为 50% 的处理与对照组存在显著差异（$P < 0.05$）(表 5–2)。

表 5–2　肥量水平对土壤中重金属含量的影响

肥量水平	重金属元素含量（mg/kg）					
	Cu	Zn	Hg	As	Pb	Mn
0	37.20d ± 1.90	250.00d ± 41.41	0.098a ± 0.003	9.44a ± 0.52	28.37a ± 0.34	228.33c ± 5.18
20%	57.63c ± 1.80	338.00c ± 8.66	0.099a ± 0.002	8.62ab ± 0.39	28.07a ± 0.44	293.67b ± 28.70
30%	71.23b ± 4.04	444.33b ± 12.81	0.101a ± 0.002	7.72b ± 0.14	26.20ab ± 0.67	310.33ab ± 6.77
40%	70.37b ± 5.55	421.67bc ± 41.91	0.099a ± 0.001	8.05b ± 0.26	26.13ab ± 0.79	298.00b ± 11.72
50%	97.83a ± 0.23	635.00a ± 5.51	0.095a ± 0.002	7.79b ± 0.36	25.03b ± 1.51	354.67a ± 6.17

注：同列不同小写字母表示土壤中该重金属元素含量不同肥量水平处理间差异显著（$P < 0.05$）。

三、象草根系的重金属积累分析

对 3 个象草品种根部重金属含量的分析表明，桂牧 1 号杂交象草根部的铜、铅含量显著高于紫色象草和桂闽引象草；桂牧 1 号杂交象草根部的锌含量显著高于桂闽引象草，紫色象草根部的锌含量介于两者之间。随着肥量水平的增加，3 个象草品种根部的重金属含量无明显的变化规律，各肥量水平处理间不同的重金属含量无显著差异（$P > 0.05$）（表 5–3）。

表 5–3　不同象草根部重金属含量

品种和肥量水平		重金属元素含量（mg/kg）					
		Cu	Zn	Hg	As	Pb	Mn
品种	紫色象草	18.22B ± 1.67	88.72AB ± 6.12	0.013A ± 0.002	0.54A ± 0.05	1.30B ± 0.19	33.38A ± 4.70
	桂牧 1 号杂交象草	24.82A ± 2.89	117.26A ± 15.28	0.019A ± 0.006	0.71A ± 0.15	2.76A ± 0.56	47.40A ± 7.29
	桂闽引象草	16.36B ± 1.00	69.46B ± 8.82	0.016A ± 0.004	0.45A ± 0.06	1.64B ± 0.16	31.48A ± 6.00
肥量水平	0	17.33a ± 0.84	109.63a ± 24.99	0.016a ± 0.002	0.53a ± 0.07	1.47a ± 0.39	37.77a ± 5.94
	20%	19.37a ± 2.26	91.30a ± 1.61	0.024a ± 0.007	0.60a ± 0.09	2.00a ± 0.71	42.50a ± 3.61
	30%	19.27a ± 4.29	87.63a ± 20.28	0.011a ± 0.002	0.49a ± 0.09	1.80a ± 0.44	33.97a ± 13.27
	40%	17.47a ± 2.13	76.20a ± 15.58	0.011a ± 0.001	0.49a ± 0.07	1.60a ± 0.00	32.93a ± 6.26
	50%	25.57a ± 4.69	94.30a ± 23.49	0.019a ± 0.008	0.73a ± 0.27	2.63a ± 0.98	39.93a ± 14.17

注：同列不同大写字母表示土壤中该元素不同品种处理间差异显著（$P < 0.05$），同列不同小写字母表示土壤中该元素不同肥量处理间差异显著（$P < 0.05$）；下表同。

四、象草地上部分的重金属积累分析

对 3 个象草品种地上部分的重金属含量的分析表明，紫色象草的锌含量显著低于桂牧 1 号杂交象草和桂闽引象草，各品种间其他元素的重金属含量无显著差异（$P > 0.05$）。随着肥量水平的增加，3 个象草品种地上部分的重金属含量无明显的变化规律，各肥量水平处理间不同的重金属含量无显著差异（$P>0.05$）（表 5–4）。

表 5–4　不同象草地上部分重金属含量

品种和肥量水平		重金属元素含量（mg/kg）					
		Cu	Zn	Hg	As	Pb	Mn
品种	紫色象草	3.08A ± 0.55	23.04B ± 4.21	0.014A ± 0.001	0.17A ± 0.02	2.38A ± 0.89	194.60A ± 23.09
	桂牧 1 号杂交象草	3.76A ± 0.28	66.42A ± 7.86	0.014A ± 0.002	0.15A ± 0.02	1.46A ± 0.20	204.60A ± 28.77
	桂闽引象草	3.64A ± 0.12	55.52A ± 9.20	0.012A ± 0.001	0.15A ± 0.03	0.92A ± 0.27	182.28A ± 35.01
肥量水平	0	3.17a ± 0.87	48.53a ± 18.90	0.014a ± 0.002	0.23a ± 0.03	2.43a ± 1.73	174.33a ± 39.40
	20%	3.63a ± 0.52	49.07a ± 20.52	0.013a ± 0.001	0.14b ± 0.02	1.53a ± 0.17	231.00a ± 7.57
	30%	3.57a ± 0.15	50.00a ± 13.09	0.014a ± 0.001	0.14b ± 0.03	1.47a ± 0.19	191.67a ± 30.72
	40%	3.47a ± 0.64	45.07a ± 17.27	0.016a ± 0.003	0.14b ± 0.02	1.17a ± 0.58	238.33a ± 29.69
	50%	3.63a ± 0.09	48.97a ± 11.48	0.012a ± 0.001	0.12b ± 0.00	1.33a ± 0.12	133.80a ± 41.46

五、象草的地上部分的富集系数和转运系数

3 种象草地上部分的重金属元素富集系数均小于 1，富集系数铜为 5% ～ 6.2%、锌为 5.9% ～ 16.4%、汞为 12.7% ～ 14.8%、砷为 1.8% ～ 1.9%、铅为 4.4% ～ 5.6%、锰为 61.6% ～ 70.5%；3 种象草的重金属元素转运系数铜为 16.2% ～ 22.7%、锌为 24.6% ～ 85.5%、汞为 93.8% ～ 117.8%、砷为 26.3% ～ 31.8%、铅为 59.4% ～ 104.5%、锰为 475.4% ～ 606.3%。其中桂牧 1 号杂交象草的富集系数较大，但与紫色象草和桂闽引象草的差异不显著（$P>0.05$）；汞元素的分布较为均衡，地上部分和根部的含量相差不大；锰元素在地上部分分布较高，是根部的 4 ～ 6 倍（表 5–5）。

表 5-5　不同象草地上部分的富集系数和转运系数

系数	品种	Cu	Zn	Hg	As	Pb	Mn
富集系数（%）	紫色象草	5.0a ± 0.8	5.9a ± 0.5	14.3a ± 0.8	1.9a ± 0.2	5.4a ± 0.5	69.0a ± 10.4
	桂牧 1 号杂交象草	6.2a ± 1.2	16.3a ± 3.1	14.8a ± 2.1	1.9a ± 0.2	5.6a ± 0.8	70.5a ± 9.0
	桂闽引象草	5.8a ± 1.1	16.4a ± 6.0	12.7a ± 0.7	1.8a ± 0.3	4.4a ± 0.8	61.6a ± 14.0
转运系数（%）	紫色象草	17.7a ± 4.0	26.4a ± 4.9	117.8a ± 13.5	31.7a ± 4.6	104.5a ± 5.6	606.3a ± 56.3
	桂牧 1 号杂交象草	16.2a ± 2.6	60.7a ± 10.7	113.8a ± 36.8	26.3a ± 6.1	60.4a ± 14.4	475.4a ± 115.2
	桂闽引象草	22.7a ± 2.0	85.5a ± 18.0	93.8a ± 17.8	31.8a ± 3.4	59.4a ± 19.1	579.2a ± 87.8

注：同列不同小写字母表示该元素不同品种处理间重金属富集系数和转运系数差异显著（$P < 0.05$）。

六、小结分析

本试验的结果表明，猪粪对象草的生长起到了一定的促进作用，株高和地上生物量都呈上升趋势。刘翔宏等的试验表明粪肥对紫色象草和桂牧 1 号杂交象草地上生物量造成了显著的影响（$P < 0.05$），随着施肥量的增加，象草增产效果显著；本试验得到了相同的结果，但差异并不显著（$P > 0.05$）。李翠等的研究表明，锌胁迫下狼尾草地上部分和地下部分的生物量与对照相比均显著减少（$P < 0.05$），但是各浓度处理间生物量的变化差异不显著（$P > 0.05$）；本试验原始土壤成分中锌的含量较高，各肥量水平处理间单株生物量差异并不显著（$P > 0.05$），与其结果类似。张志英的研究表明，当铜处理的浓度为 100 mg/kg 时，对香根草、百喜草和象草 3 种草构成严重威胁，株高、干重、根系指标、叶绿素含量都随铜处理浓度的升高而下降，3 种草相比，象草下降的幅度较小；本研究施加猪粪的土壤铜含量为 37.20 ～ 97.83 mg/kg，象草并未随着土壤铜含量变化发生明显变化，这可能与猪粪的其他成分有关。本研究所控制的粪肥变量对土壤影响是多方面的，猪粪不仅提高了土壤中的铜、锌和锰元素含量，也提高了土壤中其他有机质和氮、磷、钾的含量，对土壤容重、土壤总孔度、团粒结构和自然含水量等均造成了影响，因此猪粪对象草的影响较为复杂，是多种条件综合作用的结果。

土壤中铜、锌和锰含量随粪肥水平的增加而增加，且各肥量水平处理间差异显著（$P < 0.05$），汞含量无明显变化趋势，砷、铅含量呈现下降趋势。傅华等连续 2 年通过施用污泥对黑麦草草坪土壤进行处理，发现污泥施用量 4.0 ～ 8.0 kg/m^2 时，0 ～ 20 cm 土层铁、铜、锌的含量有所增加，而重金属镍、铬和汞与对照无显著差异；史艳财的研究表明长期施加猪粪主要导致铜、锌污染，高铜、锌含量的畜禽粪便在土地上利用时可能会带来农产品和土壤污染风险，与本试验结果类似。在本试验中，砷、汞含量呈现下降趋势，这可能是由于猪粪中的砷、汞含量较低，稀释了土壤中的砷、铅。参考国家标准《土壤环境质量 农用地土壤污染风险管控标准》（GB 15618—2018），本试验土壤 pH 值≤ 5.5，风险筛选值汞为 1.3 mg/kg，砷为 40 mg/kg，铅为 70 mg/kg，铜为 50 mg/kg，锌为 200 mg/kg。原始土壤中锌元素含量超过标准值，土壤锌含量存在一定的土壤污染风险；在施加猪粪后，铜、锌含量进一步增加，土壤中的铜、锌含量皆超过风险筛选阈值，原则上应当采取农艺调控、替代种植等安全利用措施。

植物根部和地上部分的铜、锌、锰含量并未随着土壤中的铜、锌、锰含量的增加而显著增加，由此可见，在这种循环模式下，象草植株体内的铜、锌、锰含量是较为稳定的，没有随着土壤含量变化而变化。随着猪粪源源不断地施用，土壤中的铜、锌、锰含量可能会持续增加，如果象草的重金属含量能够保持比较稳定的状态，有利于后续象草饲喂的安全性。李翠等通过在土壤中直接添加锌的试验表明，在土壤锌浓度为 0 ～ 250 mg/kg 时，狼尾草地上部分和地下部分的锌含量随着土壤中锌浓度的升高并未显著升高，在浓度为 250 ～ 1000 mg/kg 时，狼尾草地上部分和地下部分的锌含量随着土壤中锌浓度的升高显著升高；本研究中土壤锌含量的变化范围为 250 ～ 635 mg/kg，象草地上部分和地下部分的锌含量却未出现显著升高的趋势。国家标准《饲料中铜的允许量》（GB 26419—2010）中最严格的是羊精料补充料的允许量，其铜允许量不得超过 25 mg/kg，本试验测定 3 种象草的铜含量的变化范围为 3.08 ～ 3.76 mg/kg，符合此国家标准；在行业标准《饲料中锌的允许量》（NY 929—2005）中，各种动物的配合饲料中锌的允许量均不得超过 250 mg/kg，本试验测定 3 种象草的锌含量的变化范围为 23.04 ～ 66.42 mg/kg，符合此行业标准；对比《饲料卫生标准》（GB 13078—2017）

中总砷（其他配合饲料≤ 2 mg/kg）、铅（配合饲料≤ 5 mg/kg）、汞（其他配合饲料≤ 0.1 mg/kg）的规定，本研究中的 3 种象草均在可利用范围内。由此可见，在此循环模式下，土壤存在污染的风险，应加强土壤环境监测和农产品协同监测，但该循环模式下生产的象草符合国家和行业的相关要求，可以进行循环利用。

将 3 种象草进行比较，株高和单株草产量无显著差异，地上部分的各重金属元素含量的差异也不显著。桂牧 1 号杂交象草根部对铜、锌、铅的富集量较紫色象草和桂闽引象草的富集量高，且存在显著差异；对比其地上部分，铜、锌、铅的富集量却未见显著差异，这可能与桂牧 1 号杂交象草的自身品种特性有关。

超富集植物的定义是以干基计植物所富集的重金属含量镉含量＞ 100 mg/kg，铅、镍、铜含量＞ 1000 mg/kg，锌、锰含量＞ 1000 mg/kg 的植物；也有研究指出若满足富集系数（BCF）＞ 1 和运转系数（TF）＞ 1，说明植物能够富集重金属。本研究结果表明，象草植株所吸收的重金属含量均未达到这两种要求，3 种象草地上部分对土壤中的重金属的富集系数显示铜为 5% ～ 6.2%，锌为 5.9% ～ 16.4%，汞为 12.7% ～ 14.8%，砷为 1.8% ～ 1.9%，铅为 4.4% ～ 5.6%，锰为 61.6% ～ 70.5%；利用象草对土壤重金属元素含量进行改善，作用效率并不高。有研究表明，象草有较强的耐受能力，可以作为土壤修复植物，但耐受能力并不等同于富集能力，其并不适合作为改善农田土壤重金属含量的媒介。由于其对铜和锌的吸收量较低，远远低于土壤中铜和锌的含量，象草有可能作为一种排斥植物，既可以有效利用污染土地，又可以避免地上部分利用存在的潜在风险。也有文章指出，植物部分重金属可以通过采收后烘干焚烧，产生高浓度污染物质，该物质包含的污染物浓度甚至比土壤还要高，成为一种新的治理重金属污染的思路。当然，通过此途径利用象草治理土壤重金属污染还需要进一步的研究。

七、系统延伸分析

象草不仅可以提供长期的绿色覆盖功能，起到封闭污染物的作用，且具备持续的生产力，所生产的干物质更可以作为一种能源加以利用。象草中纤维素和木质素的含量分别为 45.6% 和 17.7%，所产生的生物质可以用作生物燃料。在可耕地上种植能源作物可以减少我们对化石燃料储藏库的依赖，还可以减缓气候变化；在退化的土地上种植象草比常规农业做法更具有可持续性，常规农业生产可能导致土壤进一步侵蚀，经济效益极低，而种植象草可以起到休耕养地的作用；此外，通过利用生长在边际土地上的非食用生物能源作物的技术，可以减少对粮食供应的压力。

象草作为一种C4植物，具备较高的干物质生产能力，且抗逆性较强，可以在施肥较少的土壤上生长，能够承受恶劣的生存条件，具备广泛的适应性能，在海拔0～2100 m的地区均可种植。刘影等（2014）的研究表明，象草能在铅锌矿区重金属复合污染土壤中正常生长，并可用于以铅为主的重金属复合污染土壤的修复。Xinghua Liu等（2009）在研究芦苇、香根草和象草对铜胁迫的响应时发现，象草对铜胁迫的耐受性较其他2种植物高，特别是在那些经过磷酸盐改良的土壤上。王小玲等（2014）采用盆栽试验，研究了不同浓度铜胁迫对苏丹草、弯叶画眉草和象草的胁迫作用，结果表明象草耐受性较强，可用于铜污染土壤植物修复。覃建军等（2020）通过添加不同浓度梯度的外源镉（0、0.5 mg/kg、2.0 mg/kg、10.0 mg/kg、20.0 mg/kg）进行盆栽试验，研究了象草在土壤镉胁迫下的耐受能力及修复效果，结果表明象草在紫泥田与麻砂泥中表现出较好的耐受性；外源镉浓度为0、0.5 mg/kg、2.0 mg/kg时象草富集系数均大于1，转运系数为0.60～0.84，适宜于中轻度镉污染土壤的修复，且对麻砂泥的修复效率优于紫泥田。

象草对于镉、锌、铬、磷、铜等元素污染的土壤有较好的修复能力。Yasuyuki Ishii等（2015）研究发现象草在同一生长季节进行2次采收后，土壤镉浓度降低了4.6%，表明象草是一种潜在的镉植物提取物。Md.Ariful Islam Juel等（2018）的研究表明，在鞣革污泥中，象草对锌的吸收量最高，对铬的蓄积能力较好。Maria L.Silveira等（2013）在3年的研究中，证明象草能够有效减少南佛罗里达土壤中的过量磷元素。Chunhan Ko等（2017）的研究表明，象草对锌、镉、铬的富集系数变化范围分别为0.27～0.33、0.09～0.18、0.27～0.31；随着土壤锌、镉、铬浓度的升高，象草的地上生物量均呈现下降趋势。Chongjian Ma等（2015）以杂交象草为研究对象，经过2年的栽培，发现锌、锰、铜、铅、镉、铬、砷在尾矿中的去除率为12%～26%，认为其具备良好的尾矿重金属去除潜力。

象草拥有复杂的根结构，根系发达，可以作为地被植物进行应用。经过多年的生长，根长可达4 m，能够通过地下茎进行繁殖，对土壤有很强的碳封存能力，可减少土壤侵蚀，提高土地肥力；高度繁殖的地下根茎可结合土壤防止侵蚀和污染物淋滤；排他性较强，可在根区形成复合物，限制污染物向空中部分运移。

S.D.Angima 等（2002）的研究表明，株樱花和象草共同构成的灌木篱墙能显著减少径流和土壤中氮、磷的流失。James K.Mutegi 等（2009）的研究表明象草可以显著减少土壤侵蚀，与玉米兼作组合似乎提供了一种减少土壤侵蚀、提高玉米产量和提高土壤肥力的双赢方案。李建生等（2007）的研究表明象草可以作为水土保持的先锋草种，改善土壤环境，有利于其他土壤植物的存活，丰富土壤植物多样性。Yasuyuki Ishii 等（2016）的研究表明象草在禁止耕种的动物掩埋区域能有效控制杂草生长。

象草根茎对污染物存在一定的过滤作用。Klomjek（2016）以垂直地下流向的人工湿地系统为研究对象，研究 2 种象草对猪废水的有机物质去除效果，研究结果表明象草可用于猪废水处理。Qiaoling Xu 等（2015）的研究表明象草对去除生活污水中的总氮和总磷以及减少人工湿地系统中的堵塞具有积极作用。

第二节　象草在石漠化地区的生态修复应用

我国的土壤生态灾害主要分为水土流失、沙漠化及石漠化三大类。石漠化是不科学的人类活动导致喀斯特环境下的土壤遭到侵蚀，暴露出土壤之下的基岩，使地表形成与荒漠类似的景观。石漠化会明显降低土壤的生产力，引发严重的后果。全球喀斯特地貌主要集中连片分布在中国西南地区、欧洲中南部地区、北美东部地区。我国喀斯特地貌区的面积在总国土面积中的占比为 30% 以上，其中西南地区共有 5.4×10^5 km^2 的连片裸露型土地，主要分布在贵州、广西、重庆、云南、湖南、湖北等南方省（区、市），涉及 460 多个市、区、县。石漠化是喀斯特地貌区灾害频发、经济和社会发展落后的源头，对该地区的经济发展起着严重制约作用。

以广西为代表的典型热带亚热带喀斯特类型，拥有地表峰林、峰丛正地形、封闭的洼地负地形、蚀余红土，丰富的地下洞穴与大型的化学沉积物配套发育。由于长期以来陷入了“越贫越垦，越垦越贫”的恶性循环，喀斯特地貌区成了生态最恶劣、经济最贫困的地区，也成为生态环境和社会发展面临的最突出的矛盾和问题。石漠化地区生态恢复应以治理水土流失为基本出发点，以植被恢复为手段，植被恢复是石漠化土地治理的重要保障和根本措施。国内外的经验表明，发展草地畜牧业是喀斯特地貌区生态修复和经济发展的最佳途径，在生态系统极其

广西石漠化地貌

脆弱的喀斯特地貌区，需土最少、需水最少的草以其顽强的生命力，成为植被逆向演替的最后支撑和农、林、牧连接的纽带，是生态安全的重要内容、生态文明的重要标志。草地畜牧业可以从根本上解决喀斯特地貌区生态环境保护与生存发展的双重矛盾，发展草地畜牧业具有广泛的基础性、适应性和实效性。因此，建立“草地—生态修复—养畜—致富”的良性循环模式成为广西喀斯特地貌区可持续发展的必然战略选择。

石漠化地区生态恢复以治理水土流失为基本出发点，以植被恢复为手段。植被恢复的品种选择因地势格局而异，在难以进行人工造林的陡坡、半石山地区，不能进行灌乔木种植，则应选择人工种草。草本植物应当作为治理石漠化的先锋植物。草本植物在整个生态群落演替中具有基础的保护作用，水土保持能力强、适应力强且生长迅速，能在短时间内提高覆盖率。据报道，草地的土壤水分蒸腾速率小于玉米和灌木丛，地面径流比粮地减少 37%，冲刷量则减少 67%，且人为的豆禾混播可改善土壤，增加土壤肥力。石漠化治理的最终目的不仅是要提高地面覆盖率，还要考虑经济效益，提高山区居民经济收入，如种植饲草可收获大量青饲料，用以饲养草食动物增加经济收入。生态环境恢复成功与否关键在于适生植物品种的筛选。

一、石漠化山区适生饲草品种筛选

为了给我国广大喀斯特石漠化地区综合治理提供参考，我们通过试验对以广西为代表的亚热带喀斯特石漠化地区主要种植的14个优良饲草品种进行分析，筛选适合喀斯特石漠化地区恶劣环境种植的饲草品种。

试验以适应性（耐旱、耐瘠、耐石漠化地区极端环境条件）、萌芽能力、生长速度、生长竞争力及具有的经济效益等为原则，选取了南方地区具有代表性的14个优良饲草品种，包括紫色象草、宽叶雀稗、百喜草、鸭茅、狗尾草、狗牙根、猫尾草、高丹草、甜高粱、墨西哥玉米、圆叶舞草、山毛豆、柱花草、合萌，对其草地覆盖度、土壤理化性能、生产效益等进行观测及数据收集。

1. 覆盖度分析

要稳定和减轻土壤侵蚀情况，植被覆盖度要在短时间内得到提高，且覆盖度不应低于50%。当年种植的14个饲草品种中，合萌、柱花草、宽叶雀稗的覆盖度均达到100%，紫色象草种植当年和第二年覆盖度均是90%。可见，合萌、柱花草、宽叶雀稗、山毛豆、紫色象草这5个饲草品种较耐贫瘠干旱，能在短时间内提高土地覆盖度（表5-6）。

表5-6　不同品种饲草覆盖度比较

品种	第一年覆盖度（%）	第二年覆盖度（%）
紫色象草	90	90
合萌	100	90
柱花草	100	95
宽叶雀稗	100	100
山毛豆	10	80
其余饲草品种	0～20	—

（引自邓素媛等，《湖北农业科学》，2020）

2. 生产性能分析

种植当年分别于6月、8月和11月进行测产，4个饲草品种的年生长高度由高到低依次为紫色象草＞合萌＞柱花草＞宽叶雀稗，差异显著（$P < 0.05$）。紫色象草适应能力强，在石漠化地区鲜草产量较高，年产鲜草达 234.45 t/hm^2，可作为喀斯特石漠化地区高大禾本科饲草品种的优良选择。在种植管理上，建议每次降水来临时微施有机或无机肥料，株高 2 m 左右进行刈割，每年可刈割 3 ～ 4 次，最大限度地发挥饲草生产性能（表 5–7）。

表 5–7　饲草鲜草产量比较（单位：kg/ 亩*）

品种	第一次刈割	第二次刈割	第三次刈割	合计
紫色象草	4886.4 ± 250.1a	5472.9 ± 95a	5272.4 ± 109.2a	15631.6 ± 180.9a
合萌	584.6 ± 9.9b	760.4 ± 16.3c	668.2 ± 23.1c	2013.3 ± 18.0c
柱花草	543.7 ± 39.8b	708.6 ± 28.8c	704.4 ± 51.4c	1956.8 ± 18.3c
宽叶雀稗	750.2 ± 14.4b	891.8 ± 21.2b	868.7 ± 53.6b	2510.7 ± 44.9b

（引自邓素媛等，《湖北农业科学》，2020）

在广西石漠化地区种植饲草

这 4 个饲草品种在石漠化地区种植的产量，是常规肥土种植产量的 53% ～ 97%；饲草的年可刈割次数较平地上常规种植的少 1 ～ 2 次（表 5–8）。主

* 1 亩≈ 667 m^2，1 hm^2=15 亩。下同。

要原因是石漠化地区土壤贫瘠、干旱缺水。

表 5-8　石漠化地区种植的饲草与常规平地种植的比较

品种	年可刈割次数（次）		年产鲜草产量（kg/hm²）		
	常规种植	石漠化地区	常规种植	石漠化地区	石漠化地区 / 常规种植
紫色象草	4 ～ 5	3 ～ 4	270000 ～ 375000	234480	63% ～ 87%
合萌	3 ～ 4	2 ～ 3	37500 ～ 75000	30195	40% ～ 80%
柱花草	3 ～ 4	2 ～ 3	37500 ～ 60000	29355	53% ～ 84%
宽叶雀稗	3 ～ 4	2 ～ 3	37500 ～ 60000	37665	65% ～ 104%

（引自邓素媛等，《湖北农业科学》，2020）

象草根系发达，可深入土层 80 cm，具有很好的保持水土能力，对土质的改良和提高也有很明显的作用。

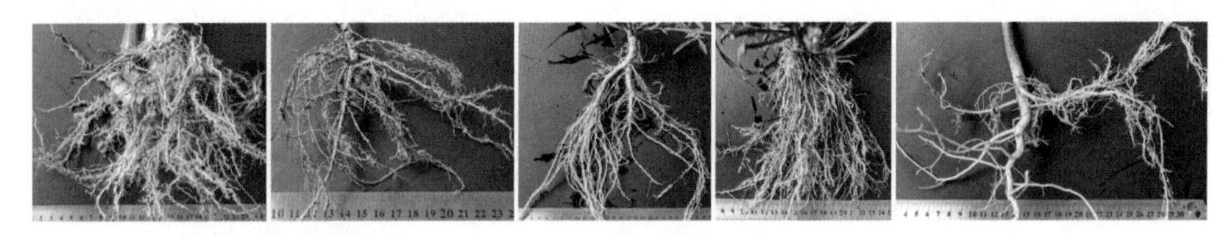

不同品种饲草的根系

由此可见，以紫色象草为代表的象草生长速度快，在石漠化地区种植能迅速成为石漠化先锋植物，提高石漠化地区植被覆盖度，增加石漠化地区植被多样性。此外，桂闽引象草发达的根系具有良好的保水固土功效，能够有效地提高土壤有机养分含量，增加土壤水涵养性，改善土壤 pH 值，还可以减少野生有害物种的数量，降低土壤中有害金属元素的含量，具有强大的水土保持能力和恢复生态环境的作用，促进石漠化地区土壤和植被正向恢复的演替。

种植象草前（左）和种植象草后（右）的地貌对比

二、石漠化地区象草定点检测试验

为了探明象草的生长对喀斯特地区石漠化治理的作用，2009 ～ 2011 年在广西凌云县、天等县、上林县等典型的石漠化地区，以石漠化山坡作为对照，种植桂闽引象草进行石漠化治理，并定点监测植被多样性和土壤中养分的变化情况。结果表明，石漠化地区种植桂闽引象草后野生植物物种减少了 21.43% ～ 40%，植被覆盖度第二年就能达到 100%（表 5–9）。

表 5–9　生物多样性及覆盖度

试验点	野生物种（种）			植物覆盖度（%）		
	2009 年	2010 年	降幅 %	2009 年	2010 年	增幅 %
试验点 1	7	8	–14.29	60	100	66.67
试验点 2	14	11	21.43	60	80	33.33
试验点 3	15	9	40.00	50	70	40.00
平　均	—	—	15.71	—	—	46.67

从改良土壤养分方面来看，随着种植年份的增加，土壤养分含量明显增加，有机质提高了 11.48% ～ 29.67%。石漠化地区种植桂闽引象草后土壤中的全氮含量平均提高了 26.54%，全磷含量平均提高了 25.82%。3 个试验点中 86.7% 的区域土壤有机质含量属于中等及以上等级，土壤中所必需微量元素铜、锰、镍、钼、锡等得到了提高，有害的金属元素中除了镉，铅、银、砷、汞等均明显减少，其中汞由原来的三级标准提高到二级标准；水涵养量也随之提高了 4.0% ～ 7.8%；空

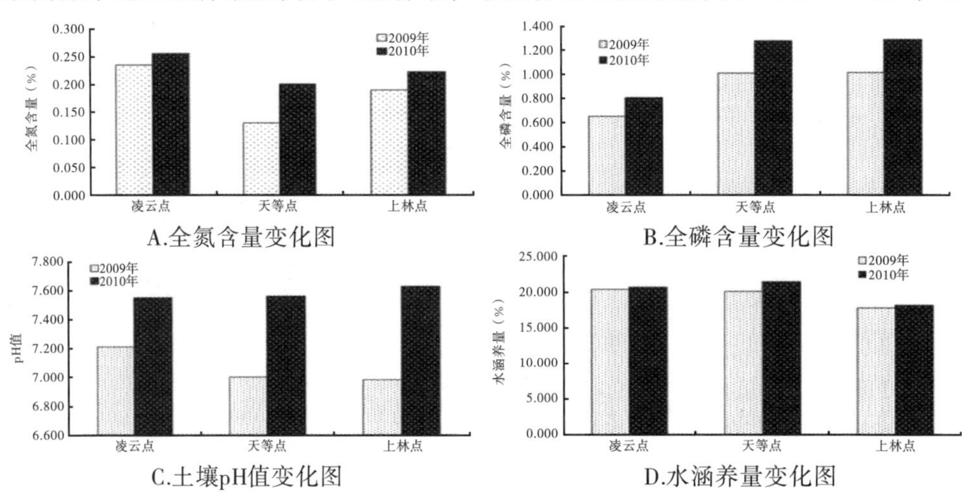

桂闽引象草石漠化治理效果

白对照区土壤的 pH 值 2010 年比 2009 年降低了 6.47% ～ 10.59%，而象草种植区提高幅度为 4.72% ～ 9.31%。可见，若不对石漠化土壤采取措施，土壤 pH 值会降低，酸性越来越强，而种植桂闽引象草后，可以使土壤 pH 值得到逐渐的恢复。

结果表明，种植桂闽引象草可以提高石漠化地区植被覆盖度，提高土壤的全氮含量、全磷含量及水涵养量、土壤 pH 值，有效地减少野生有害物种的数量和土壤中有害金属元素的含量，具有强大的保持水土能力和恢复生态环境的作用，可促进石漠化地区土壤和植被正向恢复的演替。

种植桂闽引象草后石漠化地区植被覆盖度提高

【参考文献】

［1］邓素媛，易显凤，庞天德，等 . 广西石漠化地区适生牧草品种的筛选［J］. 湖北农业科学，2020（15）：104-107，117.

［2］李建生，杨宪杰 . 矿地酸性土壤水土保持植物修复技术［J］. 中国水土保持，2007（8）：32-33.

［3］刘影，伍钧，杨刚，等 . 3 种能源草在铅锌矿区土壤中的生长及其对重金属的富集特

性[J].水土保持学报，2014，28（5）：291-296.

[4] 覃建军，唐盛爽，蒋凯，等.象草在南方典型母质土壤中的镉修复效应[J].水土保持学报，2020，34（2）：372-377.

[5] 王小玲，高柱，黄益宗，等.铜胁迫对3种草本植物生长和重金属积累的影响[J].生态毒理学报，2014，9（4）：699-706.

[6] 姚娜，赖志强，易显凤，等.广西岩溶地区草地畜牧业发展与生态修复之我见[C]//中国畜牧业协会.2012第二届中国草业大会论文集.2012：59-62.

[7] 种国双，海月，郑华，等.中国西南喀斯特石漠化治理现状及对策[J].长江科学院院报，2021，38（11）：38-43.

[8] ANGIMA S. D.，STOTT D E，O' NEILL M K，et al. Use of calliandra-Napier grass contour hedges to control erosion in central Kenya[J]. 2002（91）：15-23.

[9] ISHII Y，HAMANO K，KANG D J，et al. Cadmium Phytoremediation Potential of Napiergrass Cultivated in Kyushu，Japan[J].Applied and Environmental Soil Science，2015（2015）：1-6.

[10] ISHII Y，IKI Y，INOUE K，et al. Adaptability of Napiergrass（*Pennisetum purpureum* Schumach.）for Weed Control in Site of Animals Buried after Foot-and-Mouth Disease Infection[J]. Scientifica，2016（2）：1-8.

[11] KLOMJEK P. Swine wastewater treatment using vertical subsurface flow constructed wetland planted with Napier grass[J]. Sustainable Environment Research，2016，26（5）：217-223.

[12] KO C H，YU F C，CHANG F C，et al. Bioethanol production from recovered napier grass with heavy metals[J]. Journal of Environmental Management，2017（203）：1005-1010.

[13] LIU X，SHEN Y，LOU L，et al. Copper tolerance of the biomass crops Elephant grass（*Pennisetum purpureum* Schumach），Vetiver grass（*Vetiveria zizanioides*）and the upland reed（*Phragmites australis*）in soil culture[J]. Biotechnology Advances，2009（27）：633-640.

[14] MA C J，MING H，LIN C H，et al. Phytoextraction of heavy metal from tailing waste using Napier grass[J]. Catena，2016（136）：74-83.

[15] MUTEGI J. K.，MUGENDI D. N.，VERCHOT L. V.，et al. Combining napier grass with leguminous shrubs in contour hedgerows controls soil erosion without competing

with crops [J] . Agroforestry Systems，2008 (74) ： 37-49.

[16] SILVEIRA M. L.， VENDRAMINI J. M. B.， SUI X L， et al. Screening Perennial Warm-Season Bioenergy Crops as an Alternative for Phytoremediation of Excess Soil P [J] . BioEnergy Research，2012，6 (2) ： 469-475.

[17] XU Q， HUANG Z， WANG X， et al. *Pennisetum sinese* Roxb and *Pennisetum purpureum* Schum. as vertical-flow constructed wetland vegetation for removal of N and P from domestic sewage [J] . Ecological Engineering，2015 (83) ： 120-124.

第六章　象草生物质能源应用技术研究

能源是人类赖以生存和发展的基础，随着生态环境的不断恶化及矿物燃料的日趋减少，人们充分意识到对新能源开发与利用的重要性。从可持续发展角度考虑，利用可再生的生物质能源替代不可再生的矿物质能源是发展的必然趋势。我国《可再生能源中长期发展规划》明确提出："从长远考虑，要积极发展以纤维素生物质为原料的生物液体燃料技术。"欧、美、日等先进发达经济体正全力发展能源用草本植物，研究开发各种能源用草本植物品种。能源用草本植物每年通过光合作用，能生产高达 1.55×10^{11} t 纤维素类物质，固定的能量高达 3×10^{21} J，已经成为仅次于煤炭、石油、天然气的第四大能源。能源用草本植物被认为是最有发展潜力的生物质能源之一，通过人工种植定向培育能源用草本植物来提高单位地面上秸秆生物量（能量密度），开展能源用草本植物研究，对解决燃料短缺和支持国家能源安全建设具有重大现实意义。象草是热带亚热带地区广泛种植的高大禾本科草本植物，其茎秆直立，丛生，分蘖多，叶量大，质地柔软，营养丰富，是我国南方地区饲养牛、羊、鱼、兔、鹅等草食动物的主要人工栽培饲草品种；同时，象草也是一种优质高产的可再生能源用草本植物，1 hm^2 能源用草本植物的发电量相当于 45 ～ 60 t 标煤的发电量。

一、能源用草本植物的优势及开发重点

能源用草本植物与木本能源植物相比，具有生长速度快、周期短、再生性强、产量高、适应性广、种植成本低、易于产业化生产等特点，对于缓解能源压力、保护环境和生态、促进我国经济社会可持续发展具有重要意义。其在能源经济开发利用中主要有以下几种形式。

1. 固化——固体燃料

能源用草本植物是一种理想的新型能源燃烧作物，将能源用草干物质粉碎、加热、挤压成型，可制成"植物生物质煤"，直接作为环保燃料使用，或在制成"植物生物质煤"的基础上，利用干馏技术制成"人工植物生物质木炭"。通过一系列的能源转化技术将生物质能源的利用率提高到 50% 以上。能源用草本植物每年能

提供木本能源植物2倍以上的生物质产量，产出生物能是桉树燃料产出的3倍多。按照生物质干重1 t的能源用草本植物的发电量约等于3桶原油计算，能源用草本植物每公顷产出生物质40～80 t，按平均值计算可以代替36桶原油，其产出的经济价值为3万多美元。大规模种植能源用草本植物作为生物质能源，不仅技术手段简单，且成本低廉，具有十分广阔的市场前景。

2. 液化——液体燃料

燃烧乙醇的生产原料主要有玉米、甘蔗、薯类等，粮食安全与能源生产之间的矛盾给燃烧乙醇的开发带来很大的争议，且一年生作物易造成水土流失，在生产过程中大量使用化肥、农药等会污染环境。象草类能源用草本植物作为多年生禾本科C4植物，适应性广，生物量高，成本低廉，种植1次可利用10年以上，可通过发酵或化学热解等方法，制成甲醇、乙醇、生物柴油等清洁液体燃料。能源用草本植物纤维素含量高，纤维素经纤维素酶作用降解为葡萄糖，葡萄糖进一步发酵成为乙醇。根据目前的稀酸水解技术水平，从木质纤维素生物质到燃烧乙醇的转化效率约为35%。能源用草本植物具有较高的生物产量，制造转化生物能是甘蔗乙醇的2倍多，具有较高的生态效益和经济效益。

3. 气化——制造燃气

能源用草本植物在复杂的热化学反应能量转化过程中，碳与氧、氢结合析出可燃性气体分子。一般纤维素（$C_6H_{12}O_6$）完全燃烧时所需的空气与燃料比值为6：1，最终产物为CO_2和H_2O，但在高温高压气化过程中，纤维素不完全燃烧（空气与燃料比值为1.5：1），得到一种叫作制造气的可燃气体，将生物质中的大部分能量转移到这些气体中，热值为4.5～5.0 MJ/kg。在燃烧的过程中，能源用草本植物的氮、磷、钾、硫、氯等矿物质元素和水分含量低，有助于维持燃烧的稳定性。由于其含硫量低的特点，燃烧时不必设置气体脱硫装置，既降低了成本，又保护了环境。此外，能源用草本植物纤维素还可以在厌氧细菌的发酵作用下分解产生沼气（甲烷气体）等，用于能源利用。

目前我国可作为能源用草本植物发展的资源约有164种33个科。其中禾本科最多，共59种，多为富含碳水化合物的多年生能源用草本植物。我国北方地区对能源用草本植物具有较为系统的研究，生物质产量高于3.0 t/（hm^2·年）的草种主要有23种，其中生物质产量高于20 t/（hm^2·年）的有柳枝稷*Panicum* *virgatum*、芒属植物 *Miscanthus* spp.、芦竹 *Arundo donax* 和杂交狼尾草 *Pennisetum americanum* × *P. purpureum* 4 种，它们在适应性、产量、品质方面各有优势，开发利用前景广阔。而我国南方气候、水热条件优异，植物种类繁多，如象草等多年生草本植物是热带和亚热带地区广泛栽培的一类高产饲草。从众多的草本植物中遴选出适合我国南方发展的能源用草本植物尤为重要。

二、能源用草本植物遴选研究

2008 ～ 2013 年，广西壮族自治区畜牧研究所从南方地区收集具备纤维素高产潜力的草本植物作为遴选对象，经初筛选定了桂闽引象草、桂牧 1 号杂交象草、紫色象草、GM002 号斑茅、GM003 号斑茅、GM008 号斑茅共 6 种草本植物作为能源用草本植物遴选研究对象。采用随机排列法进行品种比较试验，观察测定 6 种草本植物的生长情况和适应性，包括株高、单位产量、茎叶比及能源理化指标分析等。

1. 生长速度测定

每试验小区随机抽取 10 株进行测量，3 次重复，然后取其平均株高，全年测定 2 ～ 3 次。经测量统计，3 个象草品种的生长速度比较接近，再生性好、生长速度较快的是桂闽引象草，全年生长高度达 889 cm，其次是紫色象草 860 cm，桂牧 1 号杂交象草 837 cm；3 种斑茅中 GM008 号斑茅生长较快，高度达 797 cm，其次是 GM002 号斑茅 602 cm（表 6–1）。

表 6–1　初筛选定 6 种草本植物全年生长情况表（单位：cm）

品种	2008 年	2009 年	2010 年	平均
桂闽引象草	559	973	1135	889a
桂牧 1 号杂交象草	553	890	1067	837ab
紫色象草	611	952	1017	860a
GM002 号斑茅	419	586	800	602abc
GM003 号斑茅	414	538	795	582c
GM008 号斑茅	554	871	965	797bc

注：不同小写字母表示差异显著（$P < 0.05$）。

2. 生物产量测定

作为能源用草本植物，象草每年可刈割 2 ～ 3 次，斑茅可刈割 2 次，测定面积 10 m^2，3 次重复。结果表明，象草和斑茅作为多年生草本植物，对土质和气候要求不高，耐寒，抗冻，适应性强，再生性好，产量高。年鲜草产量最高的是桂闽引象草，达 210165 kg/hm^2，其次是桂牧 1 号杂交象草 206535 kg/hm^2，紫色象草 206025 kg/hm^2；折合年干草产量最高的是桂闽引象草 68985 kg/hm^2，其次为桂牧 1 号杂交象草 65160 kg/hm^2，紫色象草 64830 kg/hm^2（表 6–2）。方差分析显示，3 种象草与 3 种斑茅鲜干草产量差异显著（$P < 0.05$），桂闽引象草产量与桂牧 1 号杂交象草、紫色象草鲜干草产量差异不显著（$P > 0.05$）；GM008 号斑茅鲜草、干草产量较高，分别为 61230 kg/hm^2、25245.15 kg/hm^2，但与 GM002 号斑茅、GM003 号斑茅的鲜草、干草含量差异不显著（$P > 0.05$）。而树木的年产量仅为 12000 kg/hm^2。由此可见，以上草本植物能作为生物质能源用草本植物进行开发应用。

表 6–2　6 种能源用草本植物生物产量

品种	2008 年（kg/m^2）	2009 年（kg/m^2）	2010 年（kg/m^2）	平均（kg/m^2）	折合鲜草（kg/hm^2）	折合鲜草（kg/ 亩）	折合干草（kg/ 亩）
桂闽引象草	16.60	24.119	22.300	21.01	210165a	14011a	4599.81a
桂牧 1 号杂交象草	17.98	23.580	20.370	20.64	206535a	13769a	4344.12a
紫色象草	16.43	23.276	22.070	20.59	206025a	13735a	4322.41a
GM002 号斑茅	4.00	3.427	3.728	3.72	37200b	2480b	1020.77a
GM003 号斑茅	2.58	2.980	6.023	3.86	38625b	2575b	1000.39a
GM008 号斑茅	4.36	7.334	6.667	6.12	61230b	4082b	1683.01a

注：同列不同小写字母表示差异显著（$P < 0.05$）。

3. 能源理化指标分析

一种草是能源用草的重要条件是其木质素和纤维素含量高，同时又有较低的灰分元素含量，因为生物质的水分和灰分含量对其能量转化过程具有重要作用。水分含量高，会提高运输成本和生产中的干燥成本；如果植物的钾、钠、氯、硅等元素的含量过高，容易形成残渣和污垢，腐蚀燃烧炉，进而降低生产效率，同时也会降低生物质的热值。

经过对 6 种参试草本植物进行理化指标分析测定得出，其中干物质含量较高的是 GM008 号斑茅和 GM003 号斑茅，分别达 58.8% 和 56.1%；半纤维素含量较高的是桂闽引象草和桂牧 1 号杂交象草，分别达 29.6% 和 25.6%；木质纤维素含量较高的是桂牧 1 号杂交象草和 GM008 号斑茅，分别达 15.8% 和 14.1%；总糖含量较高的是紫色象草和桂牧 1 号杂交象草，分别达 12.5% 和 9.74%；象草和斑茅燃烧热值为 17 ～ 19 MJ/kg，各品种间差异不显著，其中 GM002 号斑茅达 19.16 MJ/kg、GM003 号斑茅达 18.66 MJ/kg，其高低顺序依次为 GM002 号斑茅＞ GM008 号斑茅＞ GM003 号斑茅＞桂闽引象草＞紫色象草＞桂牧 1 号杂交象草（表 6–3）。

表 6–3　6 种能源用草本植物能源理化指标

品种	干物质（%）	灰分（%）	粗纤维（%）	半纤维素（%）	木质纤维素（%）	总糖（%）	热值（MJ/kg）	硫（%）	钾（%）
桂闽引象草	36.5	3.64	50.7	29.6	12.9	8.19	18.13	0.17	0.13
桂牧 1 号杂交象草	36.0	7.03	56.7	25.6	15.8	9.74	17.74	0.02	0.43
紫色象草	35.7	4.73	50.1	19.6	13.2	12.50	17.75	0.10	0.18
GM002 号斑茅	49.9	4.44	51.4	—	13.7	3.48	19.16	0.17	0.73
GM003 号斑茅	56.1	3.40	66.0	24.6	11.8	4.71	18.66	0.15	0.23
GM008 号斑茅	58.8	4.27	65.3	21.8	14.1	3.10	18.82	0.10	0.19

从上面的各项指标对比中发现，紫色象草、桂牧 1 号杂交象草、桂闽引象草作为能源用草本植物，在生物质尤其是热值、纤维素含量、灰分等指标上具有明显品质优势。国内外常见的能源用草本植物燃烧热值一般为 17 ～ 19 MJ/kg，含硫量为 0.02% ～ 0.17%。褐煤的燃烧热值仅为 14.9 ～ 20 MJ/kg，槐树为 16.8 MJ/kg，杨树为 15.9 MJ/kg，柴油为 41.6 MJ/kg。象草和斑茅燃烧后热值高、污染物少，可用于生物质发电、沼气工程和生物质固体成型燃料，且与褐煤、槐树、杨树的燃烧热值相当，1.4 kg 能源用草本植物可替代 1 kg 煤炭，可有效缓解煤炭、石油的供应压力，减轻温室效应，降低环境污染（表 6–4）。与我国常用于能源开发的柳枝稷相比（柳枝稷的热值为 17.98 MJ/kg，半纤维素含量为 24.12%，木质纤维素含量为 5.84%），桂闽引象草作为能源用草本植物的生物质具有明显品质优势。

表 6–4　6 种常见能源用植物的理化指标

指标	柳枝稷	芒属	芦竹	杂交狼尾草	玉米秸	小麦秸
φ（收获时水分）(%)	15.00 ～ 26.00	7.00 ～ 100.00	37.00 ～ 50.00	70.00 ～ 71.50	12.82 ～ 20.00	4.39 ～ 13.47
热值（MJ/kg）	17.98	18.03	18.29	17.02	15.55	15.37
w（纤维素）(%)	39.80	39.38	35.68	36.15	34.00	30.00 ～ 41.20

续表

指标	柳枝稷	芒属	芦竹	杂交狼尾草	玉米秸	小麦秸
w（半纤维素）(%)	24.12	25.42	27.23	21.01	17.00 ~ 37.50	23.46 ~ 23.50
w（木质纤维素）(%)	5.84	6.60	8.12	8.92	22.00	18.00 ~ 19.39
w（灰分）(%)	3.58	3.56	4.79	9.26	5.93 ~ 8.59	6.42 ~ 9.07
w（碳）(%)	44.37	44.52	—	41.86	42.17	41.28 ~ 49.04
w（氢）(%)	6.08	6.10	—	5.62	5.45	5.31
w（氮）(%)	0.99	1.00	—	1.52	0.74	0.65

象草在植株生长的过程中，在苯丙氨酸解氨酶（PAL）和 4– 香豆酸辅酶 A 连接酶（4CL）的作用下合成大量木质纤维素。象草作为纤维类能源草本植物与木本能源植物相比，具有生长速度快、周期短、再生性强、产量高、适应性广、种植成本低、易于产业化生产等特点，对于缓解能源压力、保护环境和生态、促进我国经济社会可持续发展具有重要意义。

三、能源用草本植物区域性试验

为证明筛选的能源用草本植物在广西的适应性能，我们选择代表广西不同海拔、土壤类型、气候特点的区域设立 5 个试验基地，即南宁、凌云、天等、恭城及浦北进行区域比较试验。参试品种为紫色象草、桂闽引象草、桂牧 1 号杂交象草、热研 4 号王草、GM008 号斑茅、GM003 号斑茅。其中紫色象草、桂闽引象草、桂牧 1 号杂交象草为广西壮族自治区畜牧研究所自主研发品种，GM008 号斑茅、GM003 号斑茅为广西野生驯化品种。区域性试验考察内容为适应性、生长速度、生物产量三方面。

1. 适应性观察

通过 3 年的观察比较，参试的 6 种能源用草本植物生长发育规律基本相同，长势良好，在各试验区均能正常生长，越冬、越夏率均达 100%。在广西南宁试验地于每年 2 月中旬、3 月上旬返青，12 月左右抽穗开花，但不结实，利用期可在 300 d 以上。

2. 生长速度测定

桂闽引象草、紫色象草、桂牧1号杂交象草、热研4号王草4个狼尾草属能源用草本植物品种的生长速度比GM008号斑茅、GM003号斑茅2个野生能源用草本植物品种快。桂闽引象草平均全年生长总高度为840.25 cm，桂牧1号杂交象草为837.93 cm，紫色象草为813.62 cm，热研4号王草为665.335 cm，GM008号斑茅为627.75 cm，GM003号斑茅为547.446 cm。

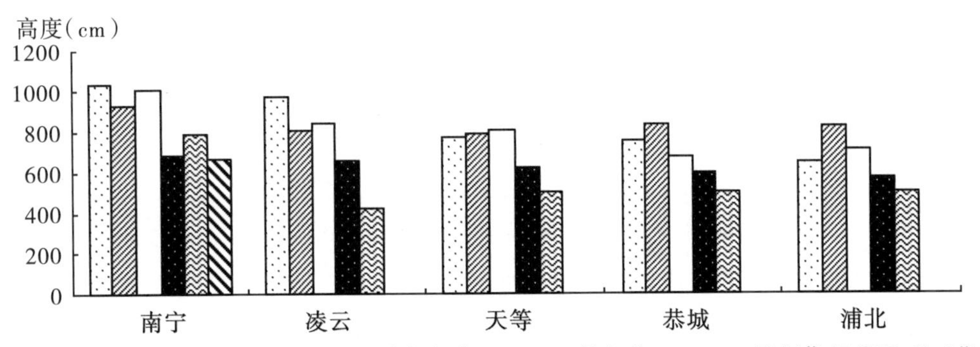

6种能源用草本植物品种在各区域点全年植株生长高度

3. 生物产量测定分析

各区域试验点3年间桂闽引象草平均生物产量排在4种象草的首位，平均鲜草产量为238531.9 kg/hm^2，折算干物质产量为62972.42 kg/hm^2，其次为桂牧1号杂交象草，平均鲜草产量为226559.9 kg/hm^2，折算干物质产量为59811.82 kg/hm^2，紫色象草位居第三，平均鲜草产量为218006.3 kg/hm^2，折算干物质产量为57553.67 kg/hm^2，热研4号王草平均鲜草产量为192376.1 kg/hm^2，折算干物质产量为44573.53 kg/hm^2；野生能源用草本植物品种GM008号斑茅的平均鲜草产量为68628.3 kg/hm^2，折算干物质产量为18117.87 kg/hm^2，GM003号斑茅平均鲜草产量为44991.15 kg/hm^2，折算干物质产量为11877.66 kg/hm^2，差异极显著（$P < 0.1$）。通过在5个区域试验点的鲜干物质产量比较，表明桂闽引象草、桂牧1号杂交象草、紫色象草在南宁、凌云、天等、恭城、浦北等地均具有较高的丰产性，平均鲜草产量为218006.3～226559.9 kg/hm^2，折算干物质产量为57553.67～62972.42 kg/hm^2；野生能源用草本植物品种中GM008号斑茅在上述5个区域中生长表现较好（表6–5）。

表 6-5　6 种能源用草本植物区域试验产量

品种名称	地点	鲜草产量（kg/hm²）			平均鲜草产量		折算干物质产量	
		2009 年	2010 年	2011 年	（kg/hm²）	（kg/ 亩）	（kg/hm²）	（kg/ 亩）
桂牧 1 号杂交象草	南宁	235917.90	203801.90	206503.20	215407.70	14360.51	56867.63	3791.18
	凌云	197598.80	231615.80	214107.00	214440.50	14296.03	56612.29	3774.15
	天等	170285.10	272836.40	395797.80	279639.80	18642.65	73824.91	4921.66
	恭城	206603.30	201600.80	234417.20	214207.10	14280.47	56550.67	3770.05
	浦北	208604.30	211205.60	207503.70	209104.50	13940.30	55203.59	3680.24
	平均	203801.88	224212.10	251665.80	226559.90	15103.99	59811.82	3987.46
桂闽引象草	南宁	241310.60	223111.50	210205.10	224875.70	14991.71	59367.19	3957.81
	凌云	201400.70	241620.80	231015.50	224679.00	14978.60	59315.26	3954.35
	天等	345772.80	288744.30	249124.50	294547.20	19636.48	77760.46	5184.03
	恭城	215407.70	191695.80	265432.70	224178.70	14945.25	59183.18	3945.55
	浦北	198899.40	248724.30	225512.70	224378.80	14958.59	59236.00	3949.07
	平均	240558.24	238779.30	236258.10	238531.90	15902.13	62972.42	4198.16
紫色象草	南宁	232876.40	220810.40	206003.00	219896.60	14659.77	58052.70	3870.18
	凌云	188894.40	230615.30	211705.80	210405.20	14027.01	55546.97	3703.13
	天等	168584.30	268034.00	249124.50	228580.90	15238.73	60345.34	4023.02
	恭城	206603.30	214607.30	222011.00	214407.20	14293.81	56603.50	3773.57
	浦北	221610.80	256828.40	171785.90	216741.70	14449.45	57219.81	3814.65
	平均	203713.84	238179.10	212126.00	218006.30	14533.76	57553.67	3836.91
热研 4 号王草	南宁	198359.10	201440.60	177328.62	192376.10	12825.07	44573.53	2971.57
GM008 号斑茅	南宁	73376.67	66703.34	61230.60	67103.54	4473.70	17715.33	1181.02
	凌云	51025.50	63031.50	114057.00	76038.00	5069.20	20074.03	1338.27
	天等	64532.25	76738.35	117058.50	86109.70	5740.65	22732.96	1515.53
	恭城	74537.25	52026.00	65032.50	63865.25	4257.68	16860.43	1124.03
	浦北	55027.50	52726.35	42321.15	50025.00	3335.00	13206.60	880.44
	平均	63699.83	62245.11	79939.95	68628.30	4575.22	18117.87	1207.86

续表

品种名称	地点	鲜草产量（kg/hm^2）			平均鲜草产量		折算干物质产量	
		2009 年	2010 年	2011 年	（kg/hm^2）	（kg/ 亩）	（kg/hm^2）	（kg/ 亩）
GM003 号斑茅	南宁	29814.90	60260.12	58629.30	49568.11	3304.54	13085.98	872.40
	凌云	26513.25	57028.50	45022.50	42854.75	2856.98	11313.65	754.24
	天等	31515.75	52526.25	59829.90	47957.30	3197.15	12660.73	844.05
	恭城	33016.50	55027.50	41520.75	43188.25	2879.22	11401.70	760.11
	浦北	48624.30	43521.75	32016.00	41387.35	2759.16	10926.26	728.42
	平均	33896.94	53672.82	47403.69	44991.15	2999.41	11877.66	791.84

参考文献

［1］范希峰，侯新村，武菊英，等．我国北方能源草研究进展及发展潜力［J］．中国农业大学学报，2012（6）：150-158.

［2］解新明，周峰，赵燕慧，等．多年生能源禾草的产能和生态效益［J］．生态学报，2008（5）：2329-2342.

［3］易显凤，赖志强，理河，等．能源用草本植物的比较试验［J］．上海畜牧兽医通讯，2012（1）：16-17.

［4］易显凤，赖志强，姚娜，等．能源用草本植物筛选区域性试验研究［J］．上海畜牧兽医通讯，2013（5）：5-7.

［5］易显凤，赖志强，姚娜，等．能源用草品种的筛选试验［J］．能源草产业发展战略暨学术研讨会，2014：43-48.

第七章　象草食用菌栽培技术研究

长期以来，用杂木屑等传统配方工艺栽培食用菌，势必会消耗大量的林木资源，随着食用菌产业的发展，原料的紧缺严重制约着食用菌产业的发展。在“以草代木”栽培食用菌的发展研究中，发现与用木屑、棉籽壳等材料栽培相比，用象草栽培能缩短生产期，提高生产效益。象草含有丰富的纤维素，碳氢比例为33.83%，还含有丰富的营养成分，其粗蛋白质、磷、钾、镁等含量均比杂木屑高，是生产食用菌的优质原料。1 hm^2 象草产量可栽培香菇 90000 ～ 105000 袋，相当于消耗 30 ～ 45 倍阔叶林栽培的量。用象草替代杂木屑栽培食用菌，不仅省工、省成本，还缓解了菌业发展与林业保护之间的矛盾，是促进食用菌产业可持续发展的有效途径。

一、象草栽培香菇

香菇为担子菌纲伞菌目口蘑科香菇属的一种传统的食药两用真菌，享有“蘑菇之王”的美誉。香菇富含多种活性物质，其中香菇多糖具有降血压、抗癌、免疫调节等活性。香菇已逐渐发展成为一种功能性食品。有研究报道利用象草栽培的香菇，香菇多糖的提取率是常规木屑栽培香菇的 2 倍，具有可持续发展的优点。

本实验将象草栽培香菇生产所需要的营养成分优化组合在一起，筛选出 3 种配方:（1）象草 60%、木屑 27%、麸皮 10%、石膏粉 2%、糖 1%;（2）象草 43%、五节芒 21.4%、木屑 24%、麸皮 9%、食糖 0.6%、石膏粉 1.8%、尿素 0.2%;（3）象草 33%、芒箕 32%、麸皮 12%、糖 0.6%、石膏粉 1.8%、过磷酸钙 0.4%、尿素 0.2%。试验用木屑作对照，配方：木屑 77%、麸皮 20%、糖 1.0%、石膏粉 1.6%、过磷酸钙 0.2%、尿素 0.2%。

从象草与木屑栽培香菇的对比实验来看，用象草栽培每 10 袋（筒）增产香菇约为 20%，生物效率接近 100%，而且提早出菇 6 ～ 15 d，可降低成本约 28%；出菇产量集中在前期，绝大部分为优质高产菇。按常规栽培香菇消耗木材量算，象草栽培香菇相当于生长木材 45 ～ 195 m^3/hm^2，是阔叶树生长量的 4 ～ 17 倍。

二、象草栽培杏鲍菇

杏鲍菇又名刺芹侧耳，是近年来开发栽培成功的集食用、药用于一体的珍稀食用菌新品种。利用新鲜象草栽培杏鲍菇是很有意义的尝试。林占熺等按象草48%、芒萁20%、麸皮25%、玉米粉5%、石灰2%配方实施杏鲍菇栽培。具体步骤如下：（1）收割新鲜象草、芒萁；（2）将新鲜象草、芒萁粉碎成颗粒直径小于4 mm的草粉；（3）按干重重量比配制培养基，其中象草48 kg、芒萁20 kg、麸皮25 kg、玉米粉5 kg、石灰2 kg；（4）将培养基混合均匀后装瓶，塑料瓶规格为容量850～1100 mL；（5）采用熟料栽培方式，灭菌、接种，在温室温度为22～26℃，空气相对湿度≤70%的条件下进行菌丝体培养；（6）利用温室，在温度12～18℃、空气相对湿度85%～95%条件下进行出菇。

直接利用新鲜象草为原料，省去干燥、加水环节，节省了生产成本，而且具有成品率高、生产周期短等优点，可增加经济效益。

三、象草栽培麒麟菇

麒麟菇是国内培育出的食用菌新品种。该菇柄粗、盖大、肉厚，和杏鲍菇形状类似，营养丰富，含有19种氨基酸和多种维生素，具有阿魏菇爽滑脆嫩的口感和药用保健功能，是一种很有开发前景的菇类。

方白玉等利用4种不同菌草（象草、芒萁、类芦、甘蔗渣）搭配做出12种不同的配方：（1）象草15%、芒萁5%、类芦20%、甘蔗渣36%；（2）象草5%、芒萁20%、类芦15%、甘蔗渣36%；（3）象草20%、芒萁15%、类芦5%、甘蔗渣36%；（4）象草15%、芒萁20%、类芦36%、甘蔗渣5%；（5）象草5%、芒萁15%、类芦36%、甘蔗渣20%；（6）象草20%、芒萁5%、类芦36%、甘蔗渣15%；（7）象草15%、芒萁36%、类芦5%、甘蔗渣20%；（8）象草5%、芒萁36%、类芦20%、甘蔗渣15%；（9）象草20%、芒萁36%、类芦15%、甘蔗渣5%；（10）象草36%、芒萁15%、类芦5%、甘蔗渣20%；（11）象草36%、芒萁5%、类芦20%、甘蔗渣15%；（12）象草36%、芒萁20%、类芦15%、甘蔗渣5%。其中象草、芒萁、类芦、甘蔗渣共占76%，每个配方另外添加石灰2%、石膏2%、麸皮20%。用以上配方培养麒麟菇的结果表明，在配方（11）和（12）中菌丝体的生长速度和子实体的单产量均没有显著性差异，但与其他配方相比，这2个配方中的菌丝体生长速度和子实体的单产量均有极显著差异，如表 7-1、7-2 所示。所以，适当增加配方中象草的含量能使麒麟菇增产。

表 7-1　不同培养基栽培麒麟菇菌丝生长速度和长势

配方	长势	平均值（mm/d）	差异显著性		配方	长势	平均值（mm/d）	差异显著性	
			0.05	0.01				0.05	0.01
11	+++++	4.25	a	A	6	+++	3.31	c	BC
12	++++	3.93	ab	AB	3	++	3.30	c	BC
10	+++	3.69	b	B	2	+++	3.24	c	BC
9	++++	3.44	bc	B	7	+++	3.10	c	C
1	++++	3.44	bc	B	5	++	2.97	cd	C
8	+++	3.37	bc	B	4	++	2.75	d	C

表 7-2　不同培养基栽培麒麟菇单产

配方	袋均产量（g）	差异显著性		配方	袋均产量（g）	差异显著性	
		0.05	0.01			0.05	0.01
11	152.83	a	—	4	132.94	cd	C
12	150.90	ab	AB	6	132.13	d	C
10	145.16	b	B	1	131.08	d	C
9	140.90	c	BC	3	130.92	d	C
7	140.16	c	BC	5	129.96	d	C
8	135.67	cd	C	2	123.68	e	D

资料来源：方白玉等，《食用菌》2007。

四、象草栽培红灵芝

红灵芝具有滋补强壮、扶正固本的功效，是一种药食两用的真菌。赵德钦等采用林、农剩余物加工而成的杂木屑、象草、桑枝屑、甘蔗渣等代替段木，设计不同配方栽培红灵芝。配方 1：象草 30%、桑枝屑 18%、甘蔗渣 18%、棉子壳 20%、麸皮 10%、玉米粉 2%、石膏 1%、石灰 1%；配方 2：桑枝屑 63%、杂木屑 20%、麸皮 10%、玉米粉 3%、石膏 1.5%、石灰 1.5%、赤砂糖 1%；配方 3：杂木屑 65%、象草 20%、米糠 6%、玉米粉 5%、赤砂糖 1.5%、石灰 1.5%、过磷酸钙 1%。考察各配方的菌丝、子实体的生长情况，以及子实体成熟时间和出芝等。

试验结果详见表 7–3、表 7–4。

表 7–3　供试配方红灵芝菌丝生长情况

配方	萌发时间（d）	满袋时间（d）	菌丝		菌丝色泽	污染情况（袋）
			密度	长势		
1	2	40	密	旺盛	白	3
2	2	45	稍稀	旺	淡白	4
3	2	38	最密	壮	白	2

表 7–4　供试配方红灵芝出芝时间及产量

配方	菌蕾形成时间（d）	成熟时间（d）	袋产量（g）	生物转化率（%）
1	28	59	350	43.75
2	30	62	330	41.25
3	26	57	410	51.25

资料来源：赵德钦等，《食用菌》2015。

结果表明，配方 3 无论在菌丝生长阶段的满袋时间、菌丝密度、菌丝长势都优于配方 1 和配方 2；菌蕾形成时间和子实体成熟时间也早于配方 1 和配方 2，整个生产周期用时最短，生物转化率也最高。说明以象草、杂木屑等作代料栽培红灵芝是可行的。

五、象草栽培黑木耳

利用象草、芒秆等草本植物替代木屑栽培黑木耳的试验，供试菌株为 916 品种。采用 3 种配方处理：（1）木屑 41.0%、象草 20.5%、芒秆 20.5%、麸皮 15.0%、石膏 2.0%、活性炭 0.8%、磷酸二氢钾 0.2%；（2）木屑 41.0%、象草 41.0%、麸皮 15.0%、石膏 2.0%、活性炭 0.8%、磷酸二氢钾 0.2%；（3）木屑 82.0%、麸皮 15.0%、石膏 2.0%、活性炭 0.8%、磷酸二氢钾 0.2%（对照组）。分 3 次采收后称重并记录黑木耳干重。结果表明用象草替代木屑栽培 916 品种，所产的单朵干重、子实体形态和颜色与对照组相比并无明显差异（表 7–5），说明以部分象草和芒秆替代木屑栽培黑木耳，菌棒能正常发菌出耳，并且对其产量和子实体商品性状无影响。

表 7-5　同一品种不同配方的黑木耳产量比较

批次	各配方产黑木耳的干重（kg）		
	1	2	3（CK）
第 1 批	0.37	0.27	0.71
第 2 批	0.44	1.09	0.60
第 3 批	0.23	0.43	0.19
合计	1.04	1.79	1.50
平均支重	0.035	0.06	0.05

资料来源：何建芬等，《浙江食用菌》2010。

第八章　象草在其他方面的应用技术

象草除在集约化栽培发展设施养殖（饲草）、生物质能源开发和作为食用菌生产基质上发挥重要作用外，还在水土保持、造纸工业、中密度纤维板加工和饮料制作等方面有较多应用，体现出丰富的经济价值。

一、象草用于水土保持

象草为浅根系植物，根系主要分布在 0 ～ 20 cm 的土层内。根系发达，生长迅速，可在较短的时间内形成强大的根系网络，对土壤有极强的吸附力和黏着力。据资料显示，象草的根量达 9300 kg/km^2，根的密度达 11.6 cm/cm^3，截获表土 96 t/km^2。象草植株高大，生长繁殖快，可迅速形成致密的株丛，与分布在表土层的庞大根组织一起，能够稳固锁住表层土壤，并且吸收天然降水，减少雨水对地表土壤的冲刷和侵蚀；分布在较深层次土壤的老根，可以保障象草在干旱条件下吸收深层地的地下水分，从而保证其正常生长所需，使象草能在干旱环境下生存。据岳辉等的研究表明，在花岗岩侵蚀坡地种植象草后的第三年，其径流系数及土壤侵蚀模数与空白对照组相比分别下降了 58.9% 和 88.0%。福建漳龙高速公路的一个废方区 2000 年 4 月采用网铺本地草皮，经过雨水冲刷，形成大沟槽，草皮冲失严重，后补种本地芦苇草，成活率也仅为 5%。翌年种植象草，一个月已有 1 m 多高，水土流失大大减少，只有在降水量很大时，才见轻度浑水，完全达到水土保持规定的要求。由此可见，象草具有强大的保持水土能力，在边坡绿化防护方面性能明显，是水土保持的先锋植物。

此外，在滨海沙地种植象草还可起到防风固沙、加速成土的效果；在旱坡地种植象草，可在短时间内建植成生物挡土墙。因此，象草是荒滩、边坡栽培的理想植物，是治理水土流失、实施退耕还林还草的理想作物。

桉树套种桂牧 1 号杂交象草

二、象草用于造纸工业

象草早在 20 世纪 60 年代就已被造纸专家所关注，20 世纪 80 年代，广西桂林的造纸厂曾用象草制造有光纸、单胶纸和火柴纸，所抄造纸张各项物理指标均达到标准。江苏、江西、云南、湖南、湖北、福建等省的造纸企业也均成功利用象草造纸。

作为造纸工业的新型原料，组织结构与制浆试验研究表明，象草的纤维长度一般为 1.2 ~ 1.6 mm，与甘蔗接近，比一般的造纸原材料荻苇纤维长 0.1 ~ 0.3 mm，比稻草纤维长 0.2 ~ 0.5 mm，比一般的阔叶木纤维长 0.2 ~ 0.7 mm。象草浆料打浆性能好，纤维柔软，所抄造纸张有较好的撕裂强度，成纸性能优于一般的木浆，可漂性优于芦苇等，象草的灰分比麦草、稻草等低很多，可用于抄造中高档高白度文化纸。象草用于造纸工业原料配套制浆造纸工艺技术完全可行，是一种极具潜力的良好速生造纸原料，可逐步替代多年生树木，实现经济效益、社会效益和生态效益三者的有机统一。

三、象草用于制造中密度纤维板

象草纤维平均长度、长宽比均比速生杨树大，壁腔比则比杨树小，且象草生长速度快，年产量 225 ～ 450 t/hm^2，以其茎秆作为原料制造纤维板可节省大量木材。以热研 4 号王草为例，其纤维含量为 25.26%，茎秆纤维长 1.2 ～ 1.8 mm，长宽比为 92 ～ 113。以其作为原料，经干燥、粉碎、配比混合、施胶和热压等工艺生产的中密度纤维板，物理力学性能符合国家标准《中密度纤维板》(GB/T 11718—1999）和《室内装饰装修材料人造板及其制品中甲醛释放限量》（GB 18580—2001）。在纤维板材生产制造过程中，使用象草作为原料来源，可替代大量木材资源，经济效益好，且具有较高的生态价值。象草制造的纤维板主要用于包装箱、托盘、简易房屋等。

四、象草用于保健饮料开发

象草营养价值丰富，其中桂闽引象草（甜象草）含粗蛋白质约 13%，总糖 8.3%，此外还含有 17 种氨基酸，其中赖氨酸 9.04 mg/L，维生素 C 134 mg/L，硒、锌、钙、镁、磷等元素的含量分别为 0.014 mg/L、0.71 mg/L、321.7 mg/L、348.4 mg/L、19.2 mg/L。象草还含有较丰富的对人体具有保健作用的黄酮、多酚等活性成分。随着人们对植物源饮料需求的不断增加，象草用于保健饮料的功能也逐步得到开发。提取象草中的有效成分作为原料生产保健饮料，不但可充分利用丰富的物种资源，成本低廉，还具有独特的风味和营养保健功效。据报道，通过浸泡、压榨、提取、过滤、澄清等工艺，按象草浸提物 20%、蜂蜜 0.5%、柠檬酸 0.02% 和木糖醇 4% 的配方调配制成的象草饮料，色泽澄清透明，口感酸甜适中，无苦味、生涩味和草腥味，无论是色泽、口感、气味还是沉淀等方面，都有不俗的评价。将象草嫩茎叶通过杀青、烘干、粉碎、筛分、包装等工艺制成袋泡茶，浸泡后茶汤口感清淡、略带甜味，且具有新鲜饲草的芳香味。以象草为原料制备饮料，技术要求低，方法简单，成本低廉，且在配合其他原料制成复合型保健饮品方面具有很大的发展潜力。

五、象草多功能应用前景展望

象草浑身都是宝，是一种粗蛋白、无氮浸出物含量及总能量较高的植物，具有根系发达、生物产量大、营养价值高、再生能力强、生长迅速、适应性广泛、栽培管理简单、病虫害少、一年栽培可多年利用的特点，是被广大群众认可并广泛栽培的饲草品种。随着现代技术的不断发展，象草越来越多的功能被逐步开发应用：幼嫩时期可作为家畜饲料；可开发为保健饮料；利用其根系发达、生长快的优势，用于水土保持及道路边坡绿化；利用其纤维素特点制浆造纸；“以草代木”发展食用菌种植；开发生物质能源用草等。

但象草的多功能开发应用与象草品质及加工工艺有密切的关系。我国生物质能源等研究起步较晚，部分工艺落后于欧美等国家，尽管在“十五”和“十一五”期间取得了可喜的成绩，但在转化技术和成本投入上离产业化发展还存在一定的距离。加强品种培育及转化工艺研究，提高象草利用率，是当今亟需解决的问题。人工培育出适合不同利用方式的象草品种，因地制宜，利用目前我国大面积的荒山荒坡地、边际性土地资源栽培种植象草，无论是作饲料、轻工业原料还是用于能源开发，都具有极大的经济效益和社会效益。

【参考文献】

[1] 黄寿恩 . 象草、香根草、狼尾草用于造纸原料的研究 [J]. 纸和造纸，2006，25 (S1)：24-26.

[2] 赖志强，姚娜，陈远荣，等 . 以有益动物繁殖系统进行岩溶地区休养再生技术体系 [M]. 南宁：广西科学技术出版社，2009.

[3] 李平，孙小龙，韩建国，等 . 能源植物新看点——草类能源植物 [J]. 中国草地学报，2010，32 (5)：97-100.

[4] 温晓娜，简有志，解新明 . 象草资源的综合开发利用 [J]. 草业科学，2009，26 (9)：108-112.

[5] 吴永敷，王槐三，曹致中，等 . 中国牧草登记品种集 [M]. 北京：中国农业大学出版社，1999.

[6] 仰勇，肖亮，蒋建雄 . 浅谈纤维类能源草的开发和利用 [J]. 湖南农业科学，2011 (10)：33-34.

[7] 姚娜，赖志强，易显凤，等 . 象草多功能应用研究进展 [J]. 南方农业学报，2012，43 (3)：151-153.

[8] 岳辉，陈志彪，黄炎和 . 象草在花岗岩侵蚀劣地的适应性及其水土保持效应 [J]. 福建农林大学学报 (自然科学版)，2007，36 (2)：186-189.

[9] 张继友 . 中国王草种质资源经济价值研究 [D]. 海口：海南大学，2014.

附录

象草类牧草生产技术规范

（DB45/T 56—2002）

1 范围

本标准规定了象草类牧草特征特性、地块选择、整地、种茎选择、种茎分级、栽培技术、田间管理、利用和种茎收割。

本标准适用于象草类牧草生产。

2 特征特性

2.1 植物学特征

象草类牧草为禾本科狼尾草属C4型多年生草本植物，须根发达，扩展范围广。为丛生型，分蘖多，每蔸分蘖50～150株。株高100～350 cm，茎杆直立。生长1周年的茎杆有27～49个节，每节有1个芽和1张叶片，互生，呈披针形，长50～120 cm，宽3～6 cm，深绿色，叶面有毛或无毛。11月中旬抽穗开花，穗长15～30 cm，圆锥花序，由许多小穗组成，每个穗有1～3朵小花，种子棕黄色，结实率低，一般采用无性繁殖栽培。

2.2 生物学特性

象草类牧草适应性广，在海拔1000 m以下，年极端低温为-5℃以上，年降水量700 mm以上的热带亚热带地区均可种植。在广西桂南一带地上部分能越冬，遇重霜时部分茎叶枯萎，地下部分能安全越冬，来年气温为14℃以上时开始生长，20℃时生长加快，25～30℃生长迅速。4～10月生长最旺，11月后随气温下降和降水量减少长势逐步减弱。象草类牧草耐肥、耐旱、耐酸，抗倒伏及抗病虫性强。

3 地块选择

一般坡地和平地都可种植，以土壤疏松、肥力较高和排水通畅的地块为好。

最好选择在建有猪舍或牛舍的下方。

4 整地

4.1 种植前应深翻耕，深度 25 ～ 30 cm。

4.2 犁翻后的地块应耙碎、平整，起畦、开沟。

4.3 多年利用老化的象草地，应重新深翻轮作。

5 种茎选择

选用同一品种的种茎，去杂、去劣。

6 种茎分级

一级种茎粗壮、均匀，侧芽萌发率 90%；二级种茎较粗壮、较均匀，侧芽萌发率 80%；三级种茎一般，侧芽萌发率 70%。

7 栽培技术

7.1 种植

7.1.1 种植期

2 月底至 10 月底均可种植，以 3 ～ 6 月种植最佳。

7.1.2 种茎用量

矮杆型：一级种茎 900 ～ 1200 kg/hm^2，二级种茎 1050 ～ 1350 kg/hm^2，三级种茎 1200 ～ 1500 kg/hm^2；高杆型：一级种茎 1200 ～ 1500 kg/hm^2，二级种茎 1500 ～ 1800 kg/hm^2，三级种茎 1800 ～ 2250 kg/hm^2。

7.1.3 基肥

最好用有机肥作基肥，15000 ～ 30000 kg/hm^2，也可用复混肥作基肥，112.5 ～ 225 kg/hm^2。

7.1.4 种植方法

7.1.4.1 种茎种植

栽培时开行，矮杆型的株行距 20 cm × (30 ～ 40 cm)；高杆型的株行距 30 cm ×（35 ～ 45 cm)。矮杆型的种茎砍成 2 ～ 4 节一段，高杆型的种茎砍成 2 节一段，将种茎斜放于行壁上，覆土露头 2 ～ 4 cm。干旱季节种茎宜平放。种后保持土壤湿润。

7.1.4.2　分蔸繁殖

除了用茎杆繁殖，还可利用分蔸繁殖，用分蔸繁殖的成活率高。在雨季或有灌溉条件可利用分蘖植株分蔸种植。

8　田间管理

8.1　补苗

如有缺苗，应及时补苗。

8.2　除杂草

苗期和每次刈割后应中耕除杂草。

8.3　追肥

出苗后或封行前应追施尿素 112.5 kg/hm^2 催苗，每次刈割后结合中耕追肥施尿素 112.5 ～ 150 kg/hm^2，或追施腐熟的有机肥 15000 ～ 30000 kg/hm^2。

8.4　排灌

干旱时应及时灌溉，积水时应及时排水。

8.5　防鼠害

铲除种茎田四周杂草，如发现鼠害，应采取有效灭鼠措施。

9　利用

种植 50 d 后开始刈割利用，每隔 20 ～ 35 d 刈割 1 次，一年刈割 6 ～ 8 次。首次刈割留茬 5 cm，此后齐地刈割。用做兔、鹅等小畜禽或草食性鱼类的饲料，矮杆型在 50 ～ 70 cm 时刈割，高杆型在 70 ～ 100 cm 时刈割；用作草食大家畜牛、羊、鹿、大象、鸵鸟等的饲料，矮杆型在 80 ～ 100 cm 时刈割，高杆型在 1.3 ～ 1.5 m 时刈割利用。利用时宜切成 3 ～ 5 cm 长度。

10　种茎收割

10.1　收割时期

生长 6 个月以上且未刈割过的植株可作种茎，以生长 1 周年的植株为最佳。

10.2 收割方法

将成熟植株平地砍下，去叶削尾，保留叶鞘。

10.3 保存

种茎收割后，未种完的种茎堆放在阴凉处，用树叶或杂草遮盖，淋水保湿，一般保存期不应超过 15 d。

桂闽引象草生产技术规程

（DB45/T 1090—2014）

1　范围

本标准规定了桂闽引象草的栽培技术、田间管理、收割、利用、种茎收割和保存。

本标准适用于广西境内桂闽引象草的生产与利用。

2　术语和定义

下列术语和定义适用于本标准。

2.1

桂闽引象草 *Pennisetum purpureum* Schum. cv. Gui Min Yin 原产于我国台湾，俗称台湾象草。

1999 年引进福建，2001 年引进湖南，2003 年引进广西。经广西壮族自治区畜牧研究所、福建省畜牧总站选育，于 2010 年通过审定登记为国家牧草品种。桂闽引象草为多年生高杆禾本科草本植物，须根发达。不刈割桂闽引象草株高可达 450 cm，株形较紧凑，采用无性繁殖。

3　经济价值

3.1　营养成分

桂闽引象草草质柔软，风干率达 20.1%，叶茎比为 2.4 ：1；一般栽培条件下，在株高 130 ～ 150 cm 的拔节期，其粗蛋白质、粗脂肪、粗纤维、无氮浸出物和灰分分别占干物质重 13.36%、3.78%、30.85%、41.45% 和 10.57%。粗蛋白质含量高，粗纤维含量低，粗脂肪及无氮浸出物含量中等，饲用品质好，适口性好，牛、羊、猪、兔、鱼等动物喜食。

3.2 牧草产量

桂闽引象草再生性好，每年可刈割 5 ～ 7 次，鲜草产量为 225 t/hm^2 以上，在高水肥条件下生长快，产草量更高，达 250 t/hm^2。4 ～ 11 月供草期长达 240 d。在广西，饲喂牛、羊等大型动物，一般年刈割 4 ～ 5 次；饲喂鹅、兔和鱼等小型动物，年刈割 7 ～ 8 次。通常 3 ～ 4 月种植，5 月中旬开始刈割，6 ～ 8 月气温高，生长最快，产草量最多，6 ～ 8 月产草量占全年的 73.9%，9 月以后，逐渐降温，生长减缓，产草量仅占全年的 26.1%。桂闽引象草还可用于荒山、荒滩改造及改良土壤，是生态果园套种、水土保持、观光农业园区四季绿化的优良草种。

4　栽培技术

4.1　选地

桂闽引象草各种土壤均能种植，以地势平坦、土层深厚、排水良好、肥沃的中性砂壤土最为适宜。

4.2　整地

一犁一耙，翻耕深度 25 ～ 30 cm，耙碎、平整、起畦、开沟，作好墒，墒沟深 25 ～ 30 cm，宽 30 ～ 40 cm。在有坡的地块，横向作畦，减少土壤流失。

4.3　施基肥

在中等肥力的土壤上，最好用腐熟有机肥作基肥，30000 ～ 45000 kg/hm^2，也可用复合肥或尿素作基肥，450 ～ 750 kg/hm^2。

4.4　种茎分级和用量

4.4.1　种茎分级

种茎分一级种茎，粗壮、均匀，侧芽萌发率为 90%；二级种茎较粗壮、均匀，侧芽萌发率为 80%；三级种茎一般，侧芽萌发率为 70%。

4.4.2　种茎选择

选用成熟、健壮的种茎，去杂、去劣。

4.4.3　种茎用量

一级种茎 1500 ～ 1800 kg/hm^2，二级种茎 1800 ～ 2250 kg/hm^2，三级种茎 2250 ～ 3750 kg/hm^2。

4.4.4　种植期

全年均可种植，以 3 ～ 6 月种植为宜。在桂南地区，2 月下旬可种植。

4.4.5　种植方法

4.4.5.1　种茎种植

栽培时开行，株行距（40～50 cm）×（40～50 cm）。选成熟种茎砍成2节一段，把种茎与地面呈45° 斜放于行壁上，覆薄土，种茎顶端外露2～4 cm。也可并排平放于行内，覆2～3 cm的薄土，种后保持土壤湿润。

4.4.5.2　分蔸繁殖

除了茎杆繁殖，还可采用分蔸繁殖，成活率高。在雨季或有灌溉条件时可利用分蘖植株进行分蔸种植。

5　田间管理

5.1　补种

播种后7～10天，如果发现有缺苗，及时补播或移苗补栽。

5.2　除杂草

苗期和每次刈割后要及时拔除杂草，苗期除杂草1～2次。

5.3　追肥

苗期及每次刈割后追施尿素450～750 kg/hm^2，或追施腐熟的有机肥30000～45000 kg/hm^2。

5.4　培土

在未封行前中耕培土1～2次。

5.5　排灌

干旱时应及时灌溉，积水时应及时排水。

5.6　防鼠害

铲除种茎田四周杂草，如发现鼠害，应采取有效灭鼠措施。

5.7　病虫害防治

桂闽引象草极少发生病虫害。但个别地区在夏季可能会发生钻心虫、青虫或蚜虫等虫害，可在幼虫期用乐果或吡虫灵喷洒，喷药后要经过7 d以上才能刈割利用。

6 收割

6.1 收割时期

株高长到 80 cm 时可首次收割利用，此后长到 80 ～ 100 cm 可再次收割利用。

6.2 收割次数

1 年可收割 5 ～ 8 次。

6.3 留茬高度

首次刈割留茬高度 10 cm，此后齐地刈割。

7 利用

7.1 青饲

利用桂闽引象草最为方便的方法是刈割鲜草，直接投喂。分期刈割，随割随喂。种植 50 d 后开始刈割利用，每隔 20 ～ 30 d 刈割 1 次，1 年刈割 5 ～ 8 次，首次刈割留茬 10 cm，此后齐地刈割。用作兔、鹅等小家畜或草食性鱼类的饲料，株高在 80 ～ 100 cm 时刈割。用作草食大家畜牛、羊、鹿、大象等的饲料，株高在 130 ～ 150 cm 时刈割利用。利用时宜切成 3 ～ 5 cm 的长度。

7.2 青贮

桂闽引象草也可做青贮利用。

7.3 晒制干草

原料刈割后即可在原地或其他地势开阔处将其摊开暴晒，适时翻晒，水分降低到 12% 左右就可以长期贮存备用。

8 种茎收割

8.1 收获

生长 6 个月以上且未刈割过的植株可作种茎，以生长 1 周年的植株为最佳。

8.2 收割方法

将成熟植株平地砍下，去叶削尾，保留叶鞘。

8.3 保存

种茎收割后，未种完的种茎堆放在阴凉处，用树叶或杂草遮盖，淋水保湿，一般保存期不应超过 15 d。在桂北高寒山区可采用窖藏越冬，即在霜前将种茎砍下，集中扎捆放入窖中，保持窖的温度在 7 ～ 8℃，最低温度不得低于 4℃。

紫色象草生产技术规范

（DB45/T 1225—2015）

1 范围

本标准规定了紫色象草的特征特性、栽培技术、田间管理，收割、利用及种茎生产技术。

本标准适用于广西境内紫色象草的生产和利用。

2 规范性引用文件

下列文件对于本文件的应用是必不可少的。凡是注日期的引用文件，仅注日期的版本适用于本文件。凡是不注日期的引用文件，其最新版本（包括所有的修改单）适用于本文件。

NY/T 496 肥料合理使用准则

3 特征特性

3.1 植物学特征

紫色象草，学名 *Pennisetum purpureum* Schumab cv. Red，原产于巴西，2003 年引进广西后，经选育而成，现为广西主要种植的优良禾本科牧草品种之一。紫色象草为多年生草本植物，株高 150 ～ 360 cm，茎秆和叶片紫色，须根，根系发达，茎杆直立，丛生，茎粗 3.5 cm。分蘖多，一般分蘖 50 ～ 150 个，甚至有 200 多个。每个茎秆有 25 ～ 30 个节，每节有芽和 1 张叶片，叶片长 100 ～ 120 cm，宽 4.5 ～ 6 cm。圆锥花序，由许多小穗组成，每个小穗有 1 ～ 3 朵小花。11 月中旬抽穗开花，种子结实率和发芽率均较低，实生苗生长极为缓慢，故生产上采用茎秆进行无性繁殖。

3.2 生物学特性

紫色象草喜温暖湿润气候，适宜在热带和亚热带地区种植，日均温为 14℃以上时开始生长，日均温 21 ～ 30℃时生长速度最快，低于 8℃生长受阻，在我国北纬 28° 以南地区可自然越冬。对土壤要求不严，耐肥、耐旱、耐酸，抗倒伏性强，再生力强，产量高。茎叶质地柔软，叶量大，干物质中粗蛋白质的含量为7% ～ 10%，适口性好，是牛、羊、鱼、兔、鹅、鸵鸟等草食动物的优质饲草。

3.3 经济价值

3.3.1 营养成分

紫色象草茎叶柔软，叶量丰富，营养期风干率为 19.33% ～ 20.3%，粗蛋白质含量 7% ～ 10%，粗纤维含量 27.5% ～ 38.7%，粗脂肪含量 2.3% ～ 2.8%，粗灰分含量 8.6% ～ 12.2%，钙含量 0.239% ～ 0.64%，磷含量 0.127% ～ 0.34%。

3.3.2 生物产量

年鲜草产量为 150000 ～ 240000 kg/hm^2。

4 栽培技术

4.1 选地

紫色象草在各种土壤均能种植，选择地势平坦、土层较厚、排灌良好的土地上种植可获得较高产量。

4.2 整地

一犁一耙，翻耕深度 25 ～ 30 cm，耙碎、平整、起畦，开沟，墒沟深 25 ～ 30 cm，沟宽 40 ～ 50 cm。

4.3 基肥

播种前应结合整地施用基肥。基肥应以厩肥为主，肥料应符合《肥料合理使用准则　通则》（NY/T 496–2010）要求。每公顷厩肥施用量 30000 ～ 45000 kg 或复合肥（15–15–15）450 ～ 755 kg，可在耕地翻土时均匀撒入基肥，也可以在播种沟先施基肥然后在上面或旁边播种。

4.4 种植

4.4.1 种植期

土壤温度 10℃以上即可种植，全年可播种，3 ～ 6 月为最佳种植期。

4.4.2 种植行距

生产饲草株距 30 ～ 40 cm，行距 40 ～ 50 cm，种子田距 45 ～ 55 cm。

4.4.3　种茎用量

每公顷一级种茎 2700 ～ 3000 kg，二级种茎 3000 ～ 3375 kg，三级种茎 3375 ～ 4500 kg。

4.4.4　种植方法

4.4.4.1　种茎种植

选成熟种茎砍成 2 节一段，种茎与地面 45° 斜放于行壁上，盖 2 ～ 3 cm 薄土，顶端外露 2 ～ 4 cm，也可将种茎平放于沟内盖土。

4.4.4.2　分蔸繁殖

缺少茎秆时，可将根部挖出，按照分蘖数进行分蔸种植。

5　田间管理

5.1　除杂草

出苗后要及时拔除杂草，苗期除杂草 1 ～ 2 次。

5.2　追肥

苗高 30 cm 左右每公顷追施尿素 450 ～ 750 kg，或腐熟有机肥 30000 ～ 45000 kg，以后每次刈割利用后追施氮肥 225 ～ 250 kg。

5.3　排灌

干旱时应及时灌溉，积水时应及时排水。

6　收割

6.1　收割时期

根据动物适口性要求不同，适宜刈割高度 80 ～ 170 cm 不等。

6.2　留茬高度

首次刈割留茬高度 10 cm，从第二次开始可齐地刈割。

6.3　刈割次数

1 年可刈割 4 ～ 8 次。

7 利用

7.1 青饲

用作兔、鹅等小型动物饲草，株高 80 ～ 100 cm 时刈割；用作牛、羊等大型动物饲草，株高 120 ～ 170 cm 时刈割；刈割后切碎至 3 ～ 5 cm，直接投喂。

7.2 晒制干草

收割后，就地摊晒 3 ～ 4 天，使其晒成半干，搂成草垄，进一步风干，待含水量降至 12% 左右，即可运回储藏。

7.3 青贮

在生长旺盛季节，将鲜喂用不完部分晾晒至含水量 65% ～ 75%，用铡刀或铡草机切短至 3 ～ 5 cm，然后置于青贮塔、青贮窖、青贮壕或青贮袋内，踩实压紧，密封。经 40 ～ 50 d 青贮后，即可取出饲喂。

8 种茎生产

8.1 收获时间

生长 6 个月以上未刈割植株可作种茎；以生长 1 周年且未长侧芽的植株为最佳。

8.2 收割方法

将成熟植株平地砍下，去叶削尾，保留叶鞘。

8.3 种茎分级

种茎分一级、二级和三级，侧芽萌发率 90% 以上为一级，萌发率 80% 以上为二级，萌发率 70% 以上为三级。

8.4 保存

种茎收割后需堆放于阴凉处，用树叶或杂草遮盖，淋水保湿，一般保存期不应超过 15 d。

象草青贮和微贮技术规程

（DB45/T 2003—2019）

1 范围

本标准规定了象草青贮和微贮的术语和定义、贮存设施、收割、加工、处理和质量要求等。

本标准适用于广西境内象草类牧草的加工与利用。

2 术语和定义

下列术语和定义适用于本标准。

2.1 象草 *Pennisetum purpureum* Schum.

象草为禾本科、狼尾草属 C4 型多年生草本植物，丛生，具有地下根茎，一般开花不结实，采用无性繁殖。

2.2 青贮 silage

将鲜绿植物性饲料置于密闭容器中，经过自有微生物发酵作用，使青绿饲料得以长期保存的加工处理方法。

2.3 微贮 micro storage

在厌氧条件下，按一定比例添加有益的微生物菌剂，通过发酵作用将鲜绿植物性饲料或秸秆调制成一种粗饲料的加工处理方法。

3 贮存设施

3.1 方形窖（壕）

宽度以 2.5 ～ 3.0 m 为宜，深度以 3.0 m 为宜，总长不宜超过 25.0 m。且上口宽大于下底宽。长方形窖的宽度应小于或等于窖的深度。

3.2 圆柱形窖

直径以 2.0 m 为宜，深度以 3.0 m 为宜。圆柱形窖的直径应小于或等于窖的深度，窖壁应平滑。

3.3 青（微）贮塔

砼结构永久性塔形建筑物，塔顶圆形，上部有顶，内壁用水泥抹光，在塔身上、中、下间隔 2 m 开 0.6 m × 0.6 m 窗口，原料由顶部装入。高度以 12 ～ 14 m 为宜，直径以 3.5 ～ 6 m 为宜。

3.4 青（微）贮袋

采用无毒的聚乙烯塑料薄膜制作，以 50 ～ 100 kg/ 袋为宜。

4 收割

象草的刈割宜在晴天进行。以矮象草生长至 0.8 ～ 1.0 m、其他象草生长至 1.2 ～ 1.5 m 收割为宜，留茬高度不低于 5 cm。

5 加工

5.1 时间要求

收获的象草应及时切碎或揉丝，从原材料收获到青贮密封或微贮打包，时间宜在 8 h 内完成。

5.2 切碎

收获的象草切碎长度以 2 ～ 3 cm 为宜，切碎作业不得带入泥土等杂物。

5.3 揉丝

通过机器将切碎的象草揉成碎丝絮状。

5.4 水分调节

象草在作青贮前，应通过晾晒或与低水分粗饲料（干草、统糠）混合的方式，调节其含水量为 60% ～ 65%，以用手握紧切碎的象草，指缝有液体渗出而不滴下为宜。

5.5 青贮

5.5.1 青贮方法

将切碎或揉丝后的象草装于青贮塔、青贮窖、青贮壕或青贮袋内，踩实压紧，密封。经 40 ～ 50 d 青贮后，即可取出饲喂，取时自顶层垂直往下逐层取料，每次取毕立即盖好。

5.5.2 饲喂用量

日饲喂量为乳牛 13 ～ 20 kg/ 头，种牛 10 ～ 15 kg/ 头，肉牛 10 ～ 17 kg/ 头，犊牛 3 ～ 5 kg/ 头，羊 1 ～ 2.5 kg/ 只；肉猪 1 ～ 2 kg/ 头，妊娠母猪 1 ～ 2 kg/ 头。

5.6 微贮

5.6.1 选择适宜的发酵剂。质量好的发酵菌剂包含乳酸菌、枯草芽孢杆菌和酵母菌等菌种，质量好的酶剂包含纤维素酶等酶制剂。

5.6.2 将刈割的新鲜象草切碎或揉丝后，按比例添加一种或多种发酵菌剂（参考产品说明书添加使用），发酵 4 周，即可取出饲喂。

6 质量要求

6.1 优等

颜色呈绿色或黄绿色，具有浓郁酒香味，质地柔软，疏松稍湿润，pH 值为 4.0 ～ 4.5。

6.2 中等

颜色呈黄褐色或暗褐色，稍有酒味，柔软稍干，pH 值为 4.5 ～ 5.0。

6.3 劣等

颜色呈黑褐色，干松散或结成黏块，有臭味，pH 值大于 5.0。禁止饲喂。